Anke van Beekhuis

Übernehmen Sie
Führung für Ihren Erfolg

POWER
sucht FRAU

GOLDEGG
VERLAG

ISBN Print: 978-3-902729-96-5
ISBN E-Book: 978-3-902729-97-2

© 2012 Goldegg Verlag GmbH
Friedrichstrasse 191 • D-10117 Berlin
Telefon: +49 (0)800 505 43 76-0

Goldegg Verlag GmbH, Österreich
Mommsengasse 4/2 • A-1040 Wien
Telefon: +43 (0)1 5054376-0

E-Mail: office@goldegg-verlag.com
www.goldegg-verlag.com

Layout, Satz und Herstellung: Goldegg Verlag GmbH, Wien
Druck und Bindung: Theiss GmbH

Inhaltsverzeichnis

KAPITEL 3

Von nichts kommt nichts: Erfolg braucht Strategie 97

KAPITEL 4

Kommunikation – die nicht genutzte Ressource 129

KAPITEL 5

KAPITEL 6

Dieses Buch widme ich meiner verstorbenen
Großmutter (92), die mir mit dem einfachen Leben
am Bauernhof gezeigt hat, dass es wichtig ist, nie die
Bodenhaftung im Leben zu verlieren. Sie war für mich
eine Powerfrau, die gewusst hat, was sie wollte.

*„Da es sehr förderlich für die Gesundheit ist,
habe ich beschlossen glücklich zu sein."*
(VOLTAIRE)

Vorwort

Der Grund, der mich motivierte dieses Buch zu schreiben, ist ganz einfach: Ich möchte Frauen ermutigen mehr Führung für ihren Erfolg zu übernehmen.

Sehr häufig treffe ich auf wunderbare, höchst qualifizierte Frauen, die zu Großem befähigt sind und es dennoch nicht schaffen, ihre Stärken so auszuspielen, dass sie das Optimum erreichen.

Aus meiner Sicht scheitert dies an zwei Hauptpunkten: Einerseits ist übertriebene Selbstkritik der Karrierekiller Nummer 1 bei Frauen. Viel zu viel grübeln sie darüber nach, was sie alles nicht können, statt sich ihrer Stärken bewusst zu werden.

Ein zweiter gravierender Fehler, den viele Frauen machen, liegt darin, alles auf sich zukommen zu lassen, bescheiden im Hintergrund zu agieren, statt strategisch zu planen und ganz gezielt jene Ziele anzupacken, die sie erreichen möchten.

Und dann gibt es noch die vielen Kleinigkeiten, die Erfolg ausmachen ...

Aus der Erfahrung und dem Ergebnis Hunderter erfolgreicher Beratungsfälle und vieler Seminare weiß ich: Es ist sehr viel mehr möglich! Wenn Sie an sich glauben, tun es andere auch! Wenn Sie die richtigen Schritte setzen, kommen Sie weiter!

Führung heißt einerseits Planung, Auftritt, Kommunikation, Strategie und Umsetzung, und das zu einem bestimmten Zeitpunkt – nämlich jetzt. Andererseits bedeutet Führung aber auch mutig zu sein und im bisherigen oder zukünftigen Job eine Führungsposition zu übernehmen und die „Bühne" des Unternehmensmanagements zu betreten.

Führung für sein Leben zu übernehmen macht genauso viel Spaß wie das Führen von Menschen, Teams und Unternehmen. In diesem Buch arbeite ich übrigens sehr stark mit den Unterschieden zwischen Männern und Frauen und auch mit den Stärken und Schwächen der Frauen. Wenn Sie sich dieser Unterschiede, Stärken und Schwächen bewusst sind, können Sie diese auch verändern. Und nur, weil es diese verschiedenen Stärken und Schwächen in unterschiedlichen Ausprägungen gibt, heißt das noch nicht, dass dies für immer so bleiben muss. Dieses Buch soll Ihnen Fokus geben, Ihren „Minuspunkt" minimieren und Ihnen aufzeigen, wie Sie diesen „umprogrammieren" können. Gleichzeitig soll dieses Buch Ihnen auch Antworten dafür liefern, woher manche Verhaltensweisen von Ihnen herkommen und wie sie entstanden sein könnten. „Erkenntnis ist der beste Weg zur Besserung."

Die Frage nach den Unterschieden zwischen Männern und Frauen füllt einige Bücher. Ich möchte hier meine persönliche Sicht – gewonnen aus jahrelanger Erfahrung in der Arbeit in männerdominierten Berufen, als Managerin und Beraterin sowie Coach mit Gruppen und Einzelpersonen – als Grundlage nehmen. Es sind ausgeprägte Tendenzen, die mir immer und immer wieder begegnen. Botschaften sind leichter zu transportieren, wenn man Tendenzen bewusst überzeichnet und als gegeben annimmt. Das begünstigt den persönlichen Aha-Effekt. Aus diesem Grund arbeite ich gerne mit Klischees und stelle diese auch in Form von Praxisbeispielen dar. Mir ist bewusst, dass dieses Buch immer Extreme aufzeigt und dass sich die eine oder andere Frau oder auch Männer daran stoßen werden. Meine Erfahrung aus der Praxis ist, dass durch das Aufzeigen von Extremen Menschen erst ihre Muster und Verhaltensweisen bewusst werden. Ich möchte Frauen dazu animieren, Frau zu sein, aber die Klischees nicht weiter zu erfüllen. Kopieren Sie nicht die Männer, sondern nutzen Sie den Unterschied für Ihren Erfolg.

Natürlich existieren für jede Situation, die ich beschrieben habe, auch Gegenbeispiele. Viele Verhaltensweisen, die ich beschreibe, sind bei manchen Frauen vielleicht nur in ganz schwacher Ausprägung oder gar nicht vorhanden, viele Männer agieren ganz anders als hier aufgezeigt. Ich beschreibe, wie gesagt, jene Tendenzen, dich ich persönlich in meiner langjährigen Beratungstätigkeit wahrnehme.

Wenn bei Ihnen alles ganz anders läuft, dann beglückwünsche ich Sie, bestimmt läuft auch Ihre Karriere toll. Aber bitte lesen Sie trotzdem weiter und nehmen Sie die Chance wahr, vielleicht etwas darüber zu lernen, wie Ihre Kolleginnen, Freundinnen oder Feindinnen und die Männer ticken.

Ganz nach dem Motto „Eine andere und neue Sichtweise kann meine Sichtweise möglicherweise verändern oder bereichern" wünsche ich Ihnen viel Spaß, Freude und neue Erkenntnisse beim Lesen!

Anke van Beekhuis

KAPITEL 1

Was steht uns im Weg, um Ziele zu erreichen?

Sie kennen sicherlich typische Fotos von Frauen, die es nach oben „geschafft" haben: Üblicherweise flankiert von männlichen Kollegen in Anzügen umweht sie in Businessmedien eine Art exotischer Hauch und das Flair des Nichtalltäglichen.

Eines der Ziele von *„Power sucht Frau"* ist, diese Fotos mit zumindest 50% Weiblichkeit zu füllen. Übernehmen Sie mehr Führung in Ihrem Handeln und lernen Sie durch die bewusste Wahrnehmung der Unterschiede zu Männern gezielter zu agieren. Denken Sie nicht mehr zu viel nach, stellen Sie sich selbst nicht infrage, sondern setzen Sie Ihre Kraft um – das ist die Devise dieses Buches und meiner Arbeit.

Uns Frauen verbindet eine spezielle Eigenschaft mit zwei Seiten: Im Unterschied zu Männern sind wir viel anfälliger dafür, uns selbst infrage zu stellen. Das weibliche Nachdenken, ob wir genug Fähigkeiten besitzen, uns etwas zutrauen sollen oder ob unsere Wünsche und Ziele mit den gesellschaftlichen Normen kompatibel sind, zeugt von Qualität. Es bremst uns meist aber gleichzeitig mehr aus, als es gut für uns ist.

Auch wenn die weibliche Gleichstellung heutzutage in aller Munde ist, heißt das nicht, dass sie Realität bzw. selbstverständlich wäre. Dazu liegen zu viele Jahrhunderte hinter der Menschheit, in denen ein eklatantes Ungleichgewicht zwischen den Geschlechtern seine Spuren hinterlassen hat – auch in unseren Köpfen. Alleine die Tatsache, dass so viel über dieses Thema geredet werden muss, zeigt, dass wir weit davon entfernt sind, es als natürlich und selbstverständlich zu sehen. Jeder Zeitungsartikel, der eine Lanze dafür bricht, wie sehr Unternehmen weibliche Führungsqualitäten brauchen und schätzen, betont, dass die Realität noch immer anders aussieht.

Verantwortlich für dieses andauernde Ungleichgewicht in der Wirtschaft sind jedoch nicht ausschließlich die Unternehmen und „bösen" Männer, sondern wir – die Frauen – selbst. Auf die Gründe dafür werde ich in den unterschiedlichen Kapiteln detailliert eingehen. Ich möchte Ihnen durch das Aufzeigen der Unterschiede zwischen Mann und Frau eine Hilfestellung in die Hand geben, die es Ihnen ermöglicht, Ihr eigenes Handeln bewusster zu erleben und im Bedarfsfall nach Ihren Zielvorstellungen zu verändern.

Einer der Gründe, warum sich in den letzten Jahrzehnten in der Wirtschaft zwar viel – aber weniger als erwünscht – am unterschiedlichen Status der Geschlechter verändert hat, sind die Wertvorstellungen vieler Frauen. Solange die Kinderkarenz und ein 24-Stunden-Familienleben in den Köpfen von Frauen als Fixpunkt verankert ist, wird das gesellschaftliche und wirtschaftliche Veränderungspotenzial niedrig bleiben. Kinder und Ehe sind Bestandteile des Lebens, aber nicht alles im Leben. Skandinavische und andere europäische Länder zeigen uns seit geraumer Zeit vor, wie es erfolgreich auf andere Weise laufen kann. Dort verbinden Frauen ihre Rolle als Mutter und Ehefrau und gleichzeitig Fulltime im Beruf erfolgreich und gleichwertig – ohne dass Bedürfnisse von Kindern oder die Beziehung zu kurz kommen. Was uns die Erfahrungen der Frauen in diesen Ländern zeigen: Wer seinen Job und dadurch sein Leben und seine Freiheit behält, macht seine Kinder, seinen Lebenspartner, seine Familie, seine Freunde – und vor allem sich selbst – glücklich und erfreut sich eines Lebensinhalts, der über die Familienplanung hinausgeht. Um

Veränderungen zu erzielen, dürfen wir jedoch nicht nur im Kleinen agieren, sondern müssen größer denken und unsere gesellschaftlichen Normen durch eigenes Verhalten verändern, z.B. durch die Forderung nach mehr Kinderbetreuungsplätzen an die Politik. Es ist besser, 40 Stunden arbeiten zu gehen, statt sich mit einem unterbezahlten 20-Stunden-Job zufriedenzugeben, bei dem man sich auch vom inhaltlichen Anspruch her weit unter Wert verkauft.

Frauen können in den oberen Sphären der Karriereatmosphäre im großen Stil bestehen, aber – im Vergleich zu den männlichen Mitspielern im Businessuniversum – leider nehmen zu wenige Frauen den Flug in diese Höhen bewusst in Angriff. Nach langjähriger strategischer Begleitung von Frauen mit Karriereambitionen habe ich beobachtet: Das größte Hindernis für Frauen beim Aufstieg auf der Karriereleiter sind nicht ausschließlich maskulin geprägte Hierarchie- und Machtstrukturen oder unüberwindbare Vorurteile männlicher Entscheidungsträger, sondern – Überraschung! – die Frauen selbst und ihre Vorstellungen vom Leben, die natürlich auch von der konservativen Gesellschaft und Politik zusätzlich unterstützt werden.

Diese klassischen Vorstellungen über ein konservatives Leben von Frauen entwickeln sich aufgrund vieler komplexer Ebenen (eigene Erziehung, Rollenbilder, Werbung, …), die jeweils unterschiedlichste Zugänge erfordern. Der erste Schritt zum Erfolg ist jedoch immer der gleiche: der Entschluss, Verantwortung für den eigenen Erfolg zu übernehmen, anstatt in den stimmgewaltigen Chor der vielen Klischees (es fehlen Kinderbetreuungsplätze, die Männer sind schuld, die „gläserne" Decke, …) einzustimmen, warum es Frauen schwer(er) haben im Berufsleben. Nie zuvor waren Unternehmen so offen dafür, mehr Frauen in Führungspositionen zu befördern, weil ihnen bewusst ist, dass ein nachhaltiges Unternehmen beide Geschlechter in der Führungsebene benötigt.

Selbstkritik – der Killer
für den Selbstwert

Wie geht es Ihnen, wenn Sie sich morgens oder untertags im Spiegel betrachten? Was springt Ihnen ins Auge? Sicherlich haben Sie keine Probleme damit aufzuzählen, was Ihnen alles nicht an Ihnen gefällt. Wie viele Punkte sind es? 10, 12, 15, …? Wie denken Sie über sich selbst?

Und nun: Was gefällt Ihnen an sich selbst? Wie viel fällt Ihnen spontan ein? 3, 4, 5 Dinge? Überlegen Sie noch? Oder anders gefragt: Was finden Sie an Ihrer Kollegin, Freundin so richtig gut und was sehen Sie eher kritisch? Merken Sie etwas? Sie stehen sich selbst am meisten im Weg. Sie sind Ihr größter Feind, weil Sie sich andauernd selbst kritisieren und permanent mit anderen vergleichen. Sie werden immer etwas finden, was Sie noch nicht haben oder was noch besser sein kann.

Frauen haben in erster Linie jene Aspekte ihres Lebens im Blickpunkt, die sie und andere Frauen nicht auf die Reihe bekommen. Die positive Seite tritt in den Hintergrund. Während Männer abends schlafen gehen und darüber nachdenken, wie erfolgreich sie waren, ziehen Frauen darüber Resümee, was sie nicht geschafft haben. Zugegeben: Das ist ein extrem überzeichnetes, schwarz-weißes Bild der Geschlechterrollen. Doch dadurch lässt sich am deutlichsten aufzeigen, was viele Frauen sich selbst antun. Aus meinen langjährigen Gesprächen mit Klientinnen kam ich zu dem Schluss: Derartige überharte Selbstkritik sabotiert Stück für Stück, Gedanken für Gedanken unser Selbstvertrauen und somit unseren Selbstwert. Bei manchen Frauen führt das – im wahrsten Sinn des Wortes – zu Haltungsproblemen mit sich selbst und damit in Verbindung stehend auch zu anderen Personen.

Leider ist dies seit vielen Jahren ein Thema für Frauen: Eine meiner ersten direkten Erfahrungen in diesem Bereich sammelte ich vor rund 15 Jahren als Seminarteilnehmerin.

Inhalt des Workshops für Frauen, den ich besuchte, waren der eigene Weg und die Stärkung der persönlichen Glaubenssätze. Die Seminarleiterin stellte uns die Aufgabe, zu notieren, was uns an uns selbst gefällt und was nicht. Der Spaß und der Tatendrang, mit dem die anderen zwölf Teilnehmerinnen und ich an die Sache herangegangen waren, verwandelten sich beim Vergleichen der Ergebnisse sehr rasch in nachdenkliches Brüten: Keine von uns hatte es auf mehr als fünf positive Aspekte gebracht, während im Durchschnitt um die zwanzig Dinge zu Buche standen, die uns nicht an uns gefielen. Dieses Verhalten wiederholt sich auch heute noch in unzähligen Coaching-Gesprächen mit Frauen. Der „gelernte" Fokus auf das Negative überdeckt gnadenlos das Positive.

Doch wie lernen Frauen diese undifferenzierte Sichtweise? Wer suggeriert, dass Frauen von heute selbstkritische „Wundermütter" sein müssen, die gefälligst alle Herausforderungen des Berufs-, Privat-, Beziehungs- und Familienlebens unter einen Hut zu bringen haben? Es ist natürlich unter anderem die Werbung, die der Gesellschaft einen Zerrspiegel vorhält, der mit der Realität wenig gemeinsam hat. In den Spots tummeln sich perfekte Hausfrauen mit blitzweißen Blusen und yogatrainierten Körpern, die keinerlei Probleme damit haben, die Rolle als Businessfrau und Mutter bzw. eine Führungsposition und die Schwangerschaft mit einem Lächeln auf den Lippen zu leben. Die Multitasking-Göttin von heute ist erfolgreich, schön, sportlich, Spitzenköchin und sexy Ehefrau, die ihre Vollkommenheit tagtäglich hektisch, unsicher und ängstlich mit und an anderen Frauen misst.

Wie wird im Vergleich dazu der typische Familienvater in der Werbung dargestellt? Er verwaltet in Anzug und Krawatte seinen Status, seine erarbeiteten Annehmlichkeiten und seine gezeugten Kinder, ist im Job erfolgreich und ungefährdet und durchlebt in sich ruhend und kaffeetassen-nippend den Alltag wie ein Fels in der Brandung, während rundherum das Chaos wütet.

Sowohl in Frauen als auch in Männern wird das Bedürf-nis geweckt, sich diesen vor Augen geführten Rollenbildern anzunähern – eine Situation, die Männern zweifellos locke-rer von der Hand geht. Ein Selbstverständnis des passiven Ruhepols ist um einiges leichter zu erreichen als jenes der omnipräsenten Problemlöserin. Männer streben Freiheiten an, Frauen Ideale. Während Männer oft schon mit einer Erfüllungsquote von 75% zufrieden sind, glauben Frau-en 150% erreichen zu müssen. Doch wer oder was hält uns Frauen eigentlich davon ab, Dinge abzugeben und einfach einmal weniger perfekt zu sein? Auch hier die ernüchternde Antwort: Wir selbst entsagen uns diese Atempause, weil wir uns nichts schenken wollen und den Vorgaben der Gesell-schaft tunlichst entsprechen möchten.

Vielleicht ist es Ihnen auch schon aufgefallen, dass Frau-engespräche letztlich immer in denselben Themen münden – auch wenn sich diese zuvor in intellektuell anspruchsvollen Höhen bewegt haben sollten: Mode, Körper, Gesundheit und all die anderen klassischen Frauenmagazin-Titelthemen sind bei Unterhaltungen zwischen Frauen so gut wie immer präsent. Warum? Weil der Fokus von Frauen ganz ein an-derer ist als bei Männern. Ein hoher Prozentteil der Frauen will sehr gerne mit Äußerlichkeiten gefallen. Männer hin-gegen definieren sich meistens mit Statussymbolen (Autos, Jobposition, …).

Noch einmal zur Klarstellung: Hier geht es nicht um ein Bewerten von Verhaltensmustern, sondern nur um das Aufzeigen von Systemen, in denen wir leben, und des Un-terschiedes zwischen Frauen und Männern sowie die Beant-wortung der Frage, warum nicht mehr Frauen Führungsauf-gaben übernehmen. Das Thema „Systeme" wird Ihnen im

Laufe dieses Buches immer wieder begegnen. Unter diesem Begriff verstehe ich die Gesellschaft, Unternehmen oder Familien – also Lebensformen/Einheiten, innerhalb derer wir uns bewegen. Diese Systeme haben eine Wechselwirkung aufeinander und können durch unser Verhalten verändert werden. Ich würde sogar so weit gehen und behaupten, dass es ein männliches und ein weibliches System gibt, weil jedes für sich eine sinn- oder zweckgebundene Einheit bildet. In diesem Buch dreht sich sehr viel um Unterschiede von typischen männlichen und weiblichen Verhaltensmustern. Es geht dabei nicht um einen wertenden Vergleich oder darum, dass ich Ihnen ein „männliches" Verhalten ans Herz legen will. Sinn und Zweck dieser Analyse ist ein Erkennen der weiblichen und männlichen Verhaltensweisen, das es Ihnen erlauben wird, Ihre weiblichen Stärken mit taktisch überlegten Verhaltensweisen im Umgang mit männlichen Vorgesetzen oder Kollegen zu verbinden.

Frau mit Frau oder Frau gegen Frau

Sehr oft erlebe ich, dass sich Frauen untereinander einen unerbittlichen Konkurrenzkampf liefern. Bei Frauen in Konkurrenzsituationen offenbaren sich häufig eiserne Härte und schier unüberwindliche emotionale Barrieren, die man so vorher nicht vermutet hätte.

Eine Kollegin von mir war zum Beispiel bei einem Symposium für Managerinnen eingeladen. Sie sollte als Expertin über neue strategische Managementformen sprechen und plante, zum Abschluss der Präsentation noch eine frauenspezifische Beratungsleistung anzubieten. So sprach sie das auch mit einer Assistentin der Veranstalterin ab. Am Veranstaltungsort angekommen wurde sie von der Veranstalterin kalt und hart begrüßt: „Wir müssen reden." Mit Eiseskälte in der Stimme wurde ihr mitgeteilt, dass die Erwähnung einer Beratungsleistung nicht erwünscht sei und dass die Präsentation vorab zur Freigabe vorzulegen wäre. Die Veranstalterin hatte nicht einmal danach gefragt, was die angebotene Leistung überhaupt umschloss. Sie nahm einfach an, dass es sich um ein Konkurrenzangebot handelte. Da meine Kollegin das in eine völlig andere Richtung zielende Produkt der Assistentin vorab erklärt hatte, war sie über die Situation sehr irritiert. Bestürzt, aber höflich erklärte meine Kollegin noch einmal, dass es sich bei dieser Beratungsleistung um keine Konkurrenzaktion zum sonstigen Programm handeln würde, sondern um ein zusätzliches Angebot, von dem alle Seiten profitieren könnten. Das änderte nichts am Tonfall der Veranstalterin. Im Gegenteil: Sie verstieg sich zu immens unhöflichen und beleidigenden Ausdrücken. Meine Kollegin blieb höflich, verabschiedete sich und ging. Sie nahm nicht an dem Symposium teil. Diese Vorgehensweise meiner Kollegin fand ich persönlich sehr konsequent und eher untypisch für eine Frau. Ein typisches Verhalten von Frauen wäre es gewesen zu bleiben, weil Frauen oft keinen Konflikt möchten, um ja nicht anzuecken. Gleichzeitig wollen Frauen gerne den Erwartungen des Gegenübers entsprechen. Durch das Verhalten meiner Kollegin hat sie das nicht erfüllt und ist sich selbst treu geblieben.

Konkurrenzkampf entsteht oft durch Vorurteile und falsche Kommunikation. Diese Barrieren fallen nach meiner Erfahrung erst dann, wenn sich die betroffenen Personen eigene Fehler eingestehen und es schaffen, sich über die realen Situationen miteinander auszutauschen. Warum? Danach fühlt man sich besser und bestätigt – es finden sich dabei Gemeinsamkeiten. In obigem Beispiel hat sich die Veranstalterin durch ihre Art und Weise eine gewinnbringende Kooperation vermasselt. Hätte sie offen und höflich agiert, wäre die Situation sehr bereichernd gewesen, da das Produkt auch der Veranstalterin gedient hätte. Nur, dieses behielt meine Kollegin nach diesem Vorfall für sich. Ganz nach dem Motto „Wer nicht will, hat schon gehabt". Frauen stellen oft an den anderen hohe Erwartungen, da der eigene Perfektionsanspruch sehr groß ist. Sich in solchen Gesprächen von übermenschlichen Erwartungen an sich selbst und den anderen zu verabschieden, verändert automatisch auch das individuelle Umfeld und die Weltanschauung. Nur zur Klarstellung: Dieses Eingestehen einer „unperfekten" Welt, die hier in einem Satz beinahe schon banal anmutet, ist für Menschen ein hart erarbeiteter Schritt, der sehr oft ein jahre- und jahrzehntelanges Gefüge aufbricht.

Doch Konkurrenz hat auch ihre guten Seiten. Nicht umsonst heißt es „Konkurrenz belebt das Geschäft". Wie belebend es sein kann, sich mit anderen zu vergleichen, kann man unter anderem bei Paaren feststellen, die ein Treffen mit anderen Paaren verlassen. Auf dem Heimweg redet man meistens darüber, was bei den anderen nicht so gut läuft. Und dann passiert automatisch eine Bestärkung des eigenen Zusammenhalts: „Wir sind gut", „Wir können es besser". Der Drang, es „hinzukriegen", bringt uns voran und schweißt uns zusammen. Auch wenn das ein verschleierter Zugang zu unseren Motivationszentren ist, kann er uns weiterbringen. Auf Dauer ist es jedoch eine Strategie, die sehr viel Energie kostet und die sich vor allem am Erfolg oder Misserfolg anderer orientiert.

Frauen sagen mir oft, dass sie in der beruflichen Zusammenarbeit mit Männern besser zurechtkommen. Ich bestätige das auch und es hat einen Grund. Männer gehen mit Frauen nicht in Konkurrenz. Männer sehen Frauen nicht als Konkurrenz. Männer teilen mit Männern das Machtthema und kämpfen lieber mit Männern. Frauen ist Macht oft nicht wichtig. Frauen gehen mit Frauen in Konkurrenz, weil sie sich miteinander (gleiches Geschlecht) vergleichen. Frauen und Männer würden sich niemals miteinander vergleichen, da sie sich zu unähnlich sind. Frauen agieren mit anderen Frauen in Augenhöhe. Darum sind Frauen gegenüber Frauen kritischer und auch ein Stück rücksichtloser. „Die andere könnte meinen Platz einnehmen." Diese Gedanken sind auch in der Evolution verankert. Von der Natur vorgegeben ist das Ziel von Frauen und Männern sich fortzupflanzen. Ein Mann sieht eine Frau immer auch aus diesem Blickwinkel und Frauen andere Frauen als Feindin. Wir können diese Prägung nicht loswerden und in manchen Fällen artet das im berühmten „Zickenkrieg" aus.

Ich war jahrelang in einem männerdominierten technischen Beruf tätig. Ich konnte mit meinen Kollegen sehr gut zusammenarbeiten. Es war nie ein Kampf. Im Gegenteil, sie vertrauten mir sehr persönliche Themen an. Ich war einerseits Eheberaterin, Therapeutin und Kollegin für die Männer. Warum? Ich konnte ihnen nichts wegnehmen. Nie und nimmer haben sie neben ihren Kollegen über „verwundbare" Themen gesprochen. Musste ich aber mit den Assistentinnen arbeiten (damals waren in technischen Unternehmen Frauen zu 99% als Assistentinnen oder Buchhalterinnen tätig), war es immer schwierig. Bei manchen Singlefrauen waren Neidgefühle zu spüren: Ich alleine unter so vielen Männern … Es wurden Gerüchte über mich in die Welt gesetzt und durch die Firma geschickt. Ich beschäftigte mich natürlich genau mit der Herkunft dieser Gerüchte und meine Analyse ergab, dass dieses böse Gerede nicht von Männern stammte. Der Inhalt der Gerüchte umfasste eine weite Spannbreite. Man dichtete mir eine Schwangerschaft an oder lancierte üble Verdächtigungen – „sie schläft mit jedem". All das führte so weit, dass ich bei meinem damaligen Chef antreten musste, um die Gerüchte aus der Welt zu schaffen.

Leichter hat man es, wenn man sich Verbündete sucht

und mit anderen Frauen gemeinsam wächst. Miteinander geht aus meiner Erfahrung mehr. Männer bilden Seilschaften, wir Netzwerke. Ersteres ist aus meiner Sicht erfolgversprechender. Oftmals behindern wir uns selbst, weil wir Frauen einander nicht immer freundlich und offen begegnen. Durch dieses Verhalten nehmen wir uns die Chance, miteinander erfolgreich zu werden.

Wir leben nach Mustern, die uns nicht bewusst sind

Es liegt natürlich nicht nur an der Werbung, dass wir ticken, wie wir ticken. Sie ist lediglich ein blitzblanker Spiegel der Glaubenssätze und der daraus resultierenden Verhaltensmuster einer Gesellschaft. Wir alle werden in eine Kultur mit fix verankerten und allgemein akzeptierten Verhaltensweisen und Glaubenssätzen hineingeboren.

Glaubenssätze sind Überzeugungen über uns und die eigenen Vorstellungen (durch lebenslange Erfahrungen), was mit uns und in der Welt um uns herum möglich ist. Sie sind Verallgemeinerungen (Generalisierungen) von uns über die Beziehungen zwischen unseren Erfahrungen.

Stellen Sie sich vor, jeder Mensch hat eine „Landkarte" (gute und schlechte Erfahrungen, Orte, an denen er gelandet ist, Menschen, mit denen er zu tun hatte und hat, …), nach der er lebt und die ihn definiert. Diese Landkarte prägt Ihre Glaubenssätze, nach denen Sie leben. Sie hat viele Grenzen, die es in der objektiven Wirklichkeit gar nicht gibt. Weil es ja nur Ihre innere Landkarte ist, Ihr Gegenüber hat eine ganz andere. Sie verhalten sich im Umgang mit anderen Menschen nach den Prägungen dieser „Landkarte" und somit nach Ihren Glaubenssätzen. Ihr Verhalten kann der andere manchmal gar nicht verstehen, weil er ja über andere Muster verfügt und sich dementsprechend anders verhält. In der Realität bewegen Sie sich also innerhalb der fiktiven Grenzen Ihrer Glaubenssätze. Vielleicht fühlen Sie sich deshalb in manchen Situationen (im Gegensatz zu anderen Menschen) eingeengt, unsicher oder auch voller Angst, je nachdem, wie weit Ihr Gegenüber von Ihren Grenzen entfernt agiert und wie viel Sie aufgrund Ihrer eigenen Erfahrungen nachempfinden können.

Glaubenssätze können auf einem hohen Abstraktionsniveau in hemmende, limitierende, einengende, verneinende Glaubensätze, wie z.b. „das kann ich nicht", „dafür bin ich zu jung/alt", „ich bin eben ein Pechvogel", „dafür fehlt mir die Ausbildung", eingeteilt werden oder auch in motivierende, erlaubende und öffnende Glaubensätze wie „ich kann alles lernen", „mir steht die Welt offen", „es gibt heute mehr Möglichkeiten denn je", „alles, was ich will, kann ich auch erreichen".

Glaubenssätze und Werte stellen das Rückgrat der Persönlichkeit dar, die manchmal nicht leicht zu ändern sind. Manche extremen Glaubenssätze benötigen professionelle und verantwortungsbewusste Hilfe von Therapeuten und Beratern, um sie langfristig aufzulösen oder zu verändern. Zunächst sollten Sie aber die Wahrnehmung für Ihre Glaubenssätze schärfen, um sich dieser bewusst zu werden. Das ist bereits der erste Schritt auf dem Weg der Veränderung.

Im nächsten Teil zeige ich auf, wie Sie hinter Ihre Glaubensätze kommen. Aber bitte haben Sie Geduld mit sich selbst, manche Glaubenssätze sind hartnäckig und kommen nicht so leicht ans Tageslicht. Glaubenssätze werden neben der Prägung durch unsere eigenen Erfahrungen auch von den großen Maßstäben und Regeln unserer Gesellschaft bestimmt. Diese beschäftigen sich damit, wie wir zu leben und zu sein haben, und umfassen von der Politik, über die

Religion bis hin zu Familienthemen all unsere Lebensbereiche. Darüber hinaus haben auch die verschiedenen sozialen Schichten, in denen wir uns bewegen (ob Bauer, Arbeiter, Angestellter, Unternehmer, Adelige, ...), Einfluss auf unser Denken. Sich all diesen Einflüssen zu entziehen, die ihre Prägung auf unserer „Landkarte" hinterlassen, ist so gut wie unmöglich. Also seien Sie versichert: Auch Sie haben Glaubenssätze.

Die spannendsten Glaubenssätze, die unmittelbaren Einfluss auf uns haben, sind jene innerhalb unserer eigenen Familie. Dies kann die Berufswahl betreffen, z.B. *„mein Großvater war Anwalt, mein Vater war Anwalt, also werde ich auch Anwalt (obwohl mir Tierpfleger viel besser gefallen würde)"*, die Partnerwahl, *„meine Mutter hatte schon Pech mit Männern, folglich habe ich auch Pech mit Männern, das liegt anscheinend in unserer Familie"*, die finanzielle Situation, *„meine Eltern haben schon wenig verdient und sind zurechtgekommen, also werde ich auch nicht mehr verdienen. Wir kommen auch mit weniger aus"*, die beruflichen Ambitionen, *„Mädchen, mach dir keine Hoffnungen, ich habe ohne Studium auch nichts erreicht, also wirst du ohne Studium auch nichts erreichen"*.

All diese Einflüsse aus dem engsten Kreis formen zu einem wesentlichen Teil unsere nach und nach entstehenden individuellen Glaubenssätze, die wiederum auf unseren individuellen Lebenserfahrungen und Eindrücken basieren. Dabei sind es vor allem die emotional belastenden Erfahrungen – und hier besonders jene aus unserer Kindheit –, die uns prägen.

Emotional belastend können dabei Dinge sein, die im Augenblick selbst alles andere als bewusste Verletzungen sind, langfristig jedoch einen wiederkehrenden Impuls darstellen, dessen Folgen sich tief in die Seele graben. Zum Beispiel können Menschen zur Überzeugung gelangen, dass sie

nicht intelligent genug sind, eine Ausbildung positiv abzuschließen, weil Eltern nicht müde wurden zu betonen, dass
sich die Brüder oder Schwestern viel leichter mit dem Lernen tun. Als Außenstehende erkenne ich bei meinen Beratungsgesprächen, dass der Hintergrund für diese Aussprü-
che nicht Lieblosigkeit war, sondern dass sich die Eltern
zum damaligen Zeitpunkt Sorgen um die Zukunft ihres
Kindes gemacht und das auch ausgesprochen haben. Der
Betroffene interpretiert die Aussagen seiner Eltern jedoch
aus seiner Erfahrung heraus dahin, dass er von den eigenen
Eltern für nicht intelligent genug gehalten wird. Ein ähnli-
cher „Klassiker" betrifft Söhne, die in ihrer Kindheit und
Jugend um die Anerkennung durch den Vater kämpfen müssen. Für diese Menschen hat später Anerkennung im Job,
in der Familie und bei Freunden meistens einen sehr hohen
Stellenwert.

Versetzen Sie sich kurz in die Lage des Kindes, das von
seinen Eltern hört, dass die Geschwister in der Schule bessere Leistungen bringen. In diesem Beispiel verstecken sich
nicht nur viele Verallgemeinerungen, sondern auch eine versteckte Zuschreibung. Diese Zuschreibung löst Folgendes in
Ihnen aus: „Ich bin nicht intelligent." Sie glauben nach der
Aussage Ihrer Eltern, dass Sie nicht intelligent sind, und das
verankert sich. Etwas ist mit Ihnen grundsätzlich nicht in
Ordnung, sonst würden Ihre Eltern Sie ja für intelligent halten.

Ist der Glaubenssatz *„Ich bin nicht intelligent"* erst einmal gebildet, entstehen rund um ihn weitere. Wie meinen Sie,
wirkt der verinnerlichte Glaubenssatz weiter, wenn Sie ein
Studium in Angriff nehmen oder einen Job finden wollen?
Wenn Sie davon überzeugt sind, nicht intelligent zu sein, ist
der Weg zu Gedanken wie z.B.: *„Wenn ich nicht intelligent
bin, sind meine Möglichkeiten begrenzt und meine Chancen
auf das Bestehen in Ausbildung oder Job nicht sehr hoch",*

nicht weit. Und sobald sich diese Erfahrung durch Absagen, Misserfolge oder Enttäuschungen bestätigt, beginnt ein Teufelskreis, in dessen Verlauf sich der Glaubenssatz immer wieder aufs Neue festigt und verstärkt.

Ein anderes Beispiel für einen weit verbreiteten Glaubenssatz lautet: *„Karriere und Kinder sind nicht unter einen Hut zu bringen.“* Die Ursachen dafür sind ohne Zweifel in gesellschaftlichen Normen zu finden, die wiederum von den eigenen Eltern direkt und am stärksten transportiert werden. Jene Rollenmuster, die von den Eltern vorgelebt werden, werden sehr leicht und früh übernommen und verinnerlicht. *„Deine Kinder brauchen dich ganz besonders in den ersten drei Jahren“*, ist ein Glaubenssatz, den vor allem Frauen aus der älteren Generation immer wieder gerne weitergeben. Welche Empfindungen löst das bei jungen oder werdenden Müttern aus? *„Wenn ich mich nicht in den ersten drei Lebensjahren meiner Kinder intensiv um sie kümmere, bin ich eine schlechte Mutter.“* Dieser Glaubenssatz ist in sehr vielen Frauen verankert – auch heute noch. Und er ist die Hauptursache dafür, dass Frauen dazu tendieren, zu Hause zu bleiben, und berufstätige Mütter als „Rabenmütter“ abgestempelt werden.

In vielen skandinavischen Ländern oder in Frankreich wird seit geraumer Zeit bewiesen, dass Job und Mutterschaft kein Widerspruch sein muss und für Kinder und Familien dadurch kein Mangel entsteht. Doch das reicht (noch) nicht aus, um in unserem Kulturkreis unsere tief verankerten Glaubenssätze zu verändern.

Dem Teufelskreis entkommen

Uns ist meistens nicht bewusst, welchen enormen Einfluss all diese Glaubenssätze, die in uns verankert sind, auf die Gestaltung unseres Lebens haben. Jeder verinnerlichte Glaubenssatz wirkt wie ein extrem starker Wahrnehmungsfilter: Alle Erfahrungen, die der Aufrechterhaltung des Glaubenssatzes dienen, werden dadurch verstärkt wahrgenommen, alle Erfahrungen, die ihn infrage stellen könnten, entweder ausgeblendet oder verzerrt. Und wir haben sehr viele dieser Glaubenssätze – über unsere Vorstellungen von Gesundheit, Geld, Erfolg, Beziehungen und viele, viele andere Aspekte unseres Daseins.

Wenn wir einen differenzierten Blick auf unser reales Leben werfen, bekommen wir eine Idee davon, wie unsere Glaubenssätze unsere persönliche Welt geformt haben. Unser Leben ist ein perfekter Spiegel für unsere unbewussten Vorstellungen und für das, was wir uns gestattet bzw. vorenthalten haben. Veränderungen erfordern daher auch stets neue bzw. andere Glaubenssätze. Wer seinem Leben eine andere Richtung geben will, muss daher zuerst feststellen, ob diese Veränderung überhaupt als möglich und sinnvoll erscheint – und vor allem, ob man sie sich selbst „erlaubt". Solange bewusste oder unbewusste Glaubenssätze das Verhalten beherrschen, werden sich immer wieder Möglichkeiten und Wege finden, um sich selbst ein Bein zu stellen und die alten Glaubenssätze zu bestätigen.

Stellen Sie sich folgende Fragen:
- Welche Muster, Ereignisse, Situationen oder Zustände ziehen sich durch Ihr Leben wie ein roter Faden (versteckte Glaubenssätze)?
- Was blockiert Ihr persönliches Weiterkommen?
- Was in Ihrem Inneren unterstützt Sie und bringt Sie weiter?

Achten Sie zum Beispiel auf Wiederholungen und eingeprägte Sätze, die Sie immer wieder so nebenbei sagen, wie zum Beispiel: *„Ohne Studium ist eine Führungsposition nicht möglich"*, oder: *„Ich werde nie abnehmen und sportlich sein, weil mir der Wille fehlt"*, oder: *„Ich kann nicht mit Geld umgehen"*. Hinter diesen Sprüchen kann etwas stecken, das Sie in der Kindheit sehr geprägt hat. Die Eltern hatten vielleicht nur wenig Geld zur Verfügung, aus unbewusster Loyalität heraus steckt tief in Ihnen, dass Sie auch nicht mehr Geld besitzen dürfen. Eventuell hat der Vater immer gesagt: *„Man muss auch mit wenig auskommen können"*, daher haben Sie diesen Glaubenssatz, dass Sie nicht sparen können, verinnerlicht. Wie schon erwähnt, Glaubenssätze können sehr versteckt sein.

Erst wenn Sie sich über diese wesentlichen Aspekte Ihres Lebens im Klaren sind, können Sie damit beginnen, diese wissentlich zu beeinflussen und kompromisslos Verantwortung für Ihr Leben zu übernehmen.

Eine Klientin berichtete mir, dass sie immer wieder an Chefs gerät, vor denen sie vor Ehrfurcht geradezu erstarrt. Egal, was diese Vorgesetzten von ihr im Rahmen ihrer beruflichen Tätigkeit einforderten – sie war bereit, diesen Erwartungen zu entsprechen –, auch wenn diese oft weit über das Maß des Erträglichen hinaus überzogen waren. *„Mir fehlen einfach die Worte, wenn er vor mir steht"*, berichtete sie mir über ihren aktuellen Chef. *„Er weiß genau, welche Knöpfe er bei mir drücken muss, damit ich nachgebe."* Ich wollte ihre Aufmerksamkeit auf die Ursachen für dieses wiederkehrende Muster lenken und fragte: *„Wie war das früher? Gab es jemanden, vor dem Sie große Ehrfurcht hatten und der Sie so faszinierte, dass Sie nie den Mut fanden, sich zu widersetzen?"* Es stellte sich heraus, dass diese Beschreibung auf den Großvater meiner Klientin passte. Er hatte als sehr bestimmender, charmanter Charakter ihr frühes Leben geprägt. Als Mädchen genoss sie es, von seiner Erfahrung und seinen Lebensansichten zu profitieren – auch wenn das hieß, das von ihm vermittelte und gelebte Rollenbild des tonangebenden Mannes in Familie und Gesellschaft zu akzeptieren. Wie sich im Gespräch recht schnell zeigte, resultierten die fehlende Freiheit und Selbstbestimmtheit heute – viele Jahre später – in Problemen mit ihrem Boss. Er spiegelte ihr das Bild ihres Großvaters wider.

Dadurch, dass es gelang, die Ursache ihrer Unzufriedenheit offenzulegen, war für die Klientin eine Tür aufgegangen. Nun galt es herauszufinden, was genau sie in ihrem Leben ändern wollte. Wir dokumentierten ihre Wünsche und erarbeiteten einen Plan für eine konkrete Verhaltensveränderung. Sie sollte sich vor, während und nach einem Gespräch in Gedanken vorsagen, dass ihr Chef nicht ihr Großvater ist. *„Ich bin nicht die Kleine. Er ist mein Vorgesetzter und ich bin ihm fachlich unterstellt. Menschlich sind wir auf gleicher Augenhöhe.“* In den weiteren Gesprächen mit ihrem Boss erzählte sie lange Zeit über keine Details mehr über ihr privates Leben, um sich besser abzugrenzen. Sie lenkte somit die Kommunikation bewusst auf die fachliche Ebene. Das erleichterte es ihr, in Situationen, die sie bislang belastet hatten, anders zu reagieren. Dass sie sich der Ursachen für ihr bisheriges Agieren bewusst war und ihre Prägung durchschaute, ermöglichte ihr eine Veränderung des Glaubenssatzes *„Frau hat sich bestimmendem Mann zu beugen“*. Bald erlebte die Klientin durch die gezielte Abgrenzung eine neue Form von Selbstbewusstsein und beschenkte sich mit einem neuen, machtvolleren Selbstbild. Ihr Chef war am Anfang sehr von dieser zielgerichteten und bestimmten Kommunikation irritiert, aber nach kurzer Zeit war ihm die neue Form der Zusammenarbeit sehr recht. Er gab ihr das Feedback, dass er das Gefühl hätte, sie übernähme mehr Verantwortung für sich. Der veränderte und konsequent gelebte neue Glaubenssatz hatte das alte Belastende verschwinden lassen.

Doch es ist nicht immer einfach, „dranzubleiben". Sobald sie Gefahr läuft, wieder in das übliche „Fahrwasser" zu verfallen, ist ihr das aber jetzt bewusst und sie findet aus eigener Kraft den Weg zurück.

Je stärker ein alter Glaubenssatz verankert ist, umso schwerer fällt die Veränderung. Doch oft reicht schon eine Bewusstwerdung aus, um alte Muster zum Wanken zu bringen und den nötigen Raum für neue Persönlichkeitsstrukturen zu schaffen.

Männer & Frauen: Wir *sind* anders!

Auch wenn heute die Gleichstellung von Mann und Frau tagtäglich Thema ist, kann man folgende Tatsache nicht leugnen: Aufgrund der vergangenen Jahrhunderte gibt es große Unterschiede zwischen den Geschlechtern, die Soziologen gerne zur Erklärung unseres Verhaltens heranziehen. Ich möchte kurz darauf eingehen, weil diese Hintergründe das Verstehen verschiedener Aspekte erleichtern und dies vielen Frauen auch einen gewissen Druck nimmt.

Die ungleichen Aufgabengebiete von Frau und Mann haben über einen Zeitraum von Zehntausenden von Jahren hinweg zu unterschiedlichen physischen und psychischen Ausprägungen geführt, die auch durch die massiven gesellschaftlichen Entwicklungen des letzten Jahrhunderts nicht ungeschehen gemacht werden konnten.

Die biologische Uraufgabe der Frau, Kinder zu gebären, zu betreuen und den Bestand der Familie zu sichern, war lange Zeit einziger weiblicher Lebenszweck. Dies bescherte

Frauen einerseits eine besonders angesehene Stellung innerhalb der Familie, andererseits aber auch belastende „Ausfallzeiten" durch Schwangerschaften und Geburten. Diese vorgegebene „Arbeitszuordnung" resultierte unweigerlich darin, dass sich Frauen körperlich, geistig und psychisch völlig anders entwickelten als Männer. Frauen hatten in der natürlichen Umgebung „Familie" das Feuer zu schüren und mit den Kindern zu reden. Aus diesem Grund sind Frauen in der Regel gesprächiger als Männer und unterhalten sich gerne und ausgiebig mit anderen Frauen. Die tägliche Herausforderung, verschiedene Dinge gleichzeitig zu „bearbeiten", hat sich im Laufe der Evolution in das weibliche Genom einprogrammiert – was auch die moderne Wissenschaft längst bestätigt hat. Frauen scherzen gerne darüber und bezeichnen sich selbst als „multitasking-fähig".

Damit die vielen gleichzeitig anfallenden Aufgaben schnell einer Lösung zugeführt werden konnten, mussten Frauen oft „aus dem Bauch heraus" Entscheidungen treffen. Männer handelten mehr taktisch und überlegt. Auch in Kriegen kam die Strategie und Taktik von Männern. Deshalb wird Frauen heute zugestanden, dass sie Probleme intuitiv – also nicht nach langwieriger Planung, sondern spontan und erfolgreich – lösen können.

Durch Schwangerschaft, Geburt und die tägliche Verantwortung für Säuglinge und Kinder wurde die Frau einfühlsamer und besorgter als der Mann – eine Qualität, die sich nicht auf Familienmitglieder beschränkt.

Vor allen Dingen sind Frauen immer darum bemüht, möglichst alles „richtig" zu machen, und dabei meistens weitaus gemeinschaftlicher eingestellt als Männer. Frauen schauen oft eher auf das Wohl aller als auf sich selbst. Männer waren stets dafür zuständig, Ergebnisse zu liefern, und mussten häufig auf sich selbst gestellt Nahrung organisieren. Immer noch haben Männer weniger Probleme damit, alleine am Weg nach oben unterwegs zu sein. Natürlich brauchen sie das Team, um voranzukommen, aber es zählt mehr das Ergebnis als der einzelne Mensch. Darum tun sich Männer leichter sich von einzelnen Mitarbeitern zu trennen, wenn das Ergebnis nicht passt. Frauen haben damit mehr Probleme, weil sie ausgeprägter darauf bedacht sind, auf das Gemeinschaftliche zu achten.

Die weibliche Tendenz zum gemeinschaftlichen Verhalten und die daraus resultierende Konfliktvermeidung haben den Nachteil, dass ein großes Risiko vorliegt, sich Verpflichtungen und Versprechen ohne Rücksicht auf die eigene Leistungsfähigkeit und Wünsche aufzubürden. Frauen nehmen in Relation zu Männern beruflich wie auch privat viel mehr bereitwillig in Kauf, ehe sie auch nur daran denken, sich gegen eine zu groß werdende Last zu wehren.

Die Geschichte einer Klientin zeigt dieses Verhalten sehr deutlich auf: Sie war vor der Geburt ihrer Kinder sehr erfolgreich selbstständig tätig. Auch danach arbeitete sie weiter, während sie sich um die Kinder kümmerte. Mit der Zeit übernahm sie sogar noch diverse Verantwortungsbereiche in der Schule und im Kindergarten ihrer Kinder. Unglücklicherweise war sie nicht mit einem Partner gesegnet, der im Haushalt mitanpackte. Während sie neben ihrer Berufstätigkeit die Wohnung in Schuss hielt, gönnte er sich Zeit, um an seiner Karriere und an seinem Golf-Handicap zu arbeiten. Dennoch nahm sie ihre Selbstständigkeit sehr ernst, delegierte nichts und forderte auch keine Unterstützung ein. Sie erledigte alle Aufgaben und vergaß dabei sich selbst und ihren Weg. Sie verzichtete wegen der fehlenden Zeit, die sie für die Hausarbeit benötigte, auf ihre Hobbys und Wünsche. In ihrer Freizeit erledigte sie hauptsächlich ihre familiären Verpflichtungen, statt manchmal einfach nur an sich zu denken und ein gutes Buch zu lesen.

Evolutionär betrachtet erfuhren Frauen während des Heranwachsens der Kinder und des überwiegenden Aufenthalts innerhalb der familiären Kreise auch sehr viele Freuden. Immer noch eingeprägt in das weibliche „Genkostüm" ist deshalb eine beneidenswerte Freude an Dingen, die dem Allgemeinwohl dienen. Diese Phase der „Selbstaufgabe" ändert sich meist, wenn die Kinder aus dem Haus sind.

Auch wenn einzelne Frauen im Laufe der Evolution kinderlos blieben, hatte das auf das Gesamtergebnis der Entwicklung der weiblichen Psyche keine Auswirkungen. Frauen wurden aufgrund ihrer klassischen Aufgaben von jeher in die passive – und damit in die schwächere – Rolle innerhalb der Familie gedrängt. Immer angewiesen auf den Mann als „stärkeren Teil" der Gemeinschaft, der als „Nahrungsbeschaffer" und „Wohnraummanager" die existenziellen Bedürfnisse für alle abdeckte. Daraus entstand für Frauen eine unterwürfige Abhängigkeit. War der Mann – aus welchen Gründen auch immer – nicht mehr im Familienverbund, war die Frau bis vor nicht allzu langer Zeit weitestgehend hilflos und musste in der Regel von der Großfamilie „aufgefangen" werden, um nicht sozial und gesellschaftlich abzustürzen. Das sind die verborgenen Gründe, warum sich Frauen heute noch auf die Zuverlässigkeit des Mannes an ihrer Seite verlassen.

Aufgrund von Meinungsverschiedenheiten sind Frauen als (in der Regel) körperlich Schwächere in manchen Partnerschaften sogar gewalttätigen Attacken des Mannes ausgesetzt. Obwohl dies gelegentlich auch umgekehrt stattfindet, setzen Frauen körperliche Gewalt weit seltener ein als Männer.

Frauen wenden bevorzugt andere Mittel an: Bei unterschiedlichen Meinungen setzen sie neben dem „weiblichen Charme" das Mittel der Diskussion nachhaltig ein, um ihr Recht zu „erkämpfen". Für diese Methode Bedürfnisse durchzusetzen, wurde Frauen schon in der Antike der Namen „Xanthippe" zugeordnet. Unfreiwillige Patronin für

diesen Begriff, der heute allgemein für „zanksüchtige Frau"
steht, war die äußerst kluge Gattin des Philosophen Sokra-
tes, die ihr Recht mit ausführlichen Streitgesprächen nach-
drücklich und erfolgreich einforderte.

Mit zunehmender Bevölkerungsdichte entwickelten Frau-
en aus Gründen des Wettbewerbs mit ihren Geschlechtsgenossinnen Talent darin, mit den jeweils zur Verfügung
stehenden Mitteln ihre Schönheit zu optimieren, um von
Männern bei der Partnerwahl besonders beachtet und be-
gehrt zu werden. Im Laufe der biologischen Evolution wurden diese Fähigkeiten in die weiblichen Gene einprogrammiert. Trotz starken Feminismus und unseres Wissens, dass
gutes Aussehen nicht alles ist, beschäftigen sich Frauen tagtäglich damit und es boomen Schönheitsoperationen, Fett-
reduzierer und Faltenkiller. Also, wir sind darauf program-
miert, für die Partnerwahl schön zu sein.

Nicht zu vergessen ist die weibliche Meisterschaft in der
Diplomatie. Die Umsetzung eigener Wünsche und Anliegen
mit „weiblicher Ausstrahlung auf diplomatischem Wege" zu
erreichen bzw. durchzusetzen ist ebenfalls eine Fertigkeit,
die sich bis heute als geschlechtsspezifisches Merkmal erhalten hat.

Der Mann ist aus Sicht der Evolution „nur" als Samenträ-
ger zur Befruchtung beauftragt. Deshalb gibt es im männlichen Alltag keine „Ausfallzeiten" und er hat so zwangsläufig
für die Beschaffung von Nahrung, Wohnraum und für die
Gewährleistung von Schutz für die Familie zu sorgen. All das
sind in der Regel Arbeiten, die Kraft erfordern. Der notwendige kontinuierliche Kraftaufwand des Mannes hat zu einem
physisch stärkeren Körperbau geführt. Die schweren und rus-
tikalen Arbeiten haben ihn psychisch anders geformt als die
Frau – mit rauer Schale und verstecktem weichen Kern.

Männer planen ihre Vorhaben und sind dann oft schlechter Laune, wenn ihnen etwas nicht gemäß den Vorstellun-

gen gelingt. Es gilt, eine unmittelbar vorliegende Aufgabe zu lösen – z.B. Nahrung zu jagen – und schrittweise abzuarbeiten. Männer haben zwar Probleme zu lösen, tun dies aber meist nacheinander, nicht parallel. Nach gemeisterter Herausforderung benötigt der Mann häufig eine Atempause und Erholungsphase. Das Jagen hat ihn im Laufe der Evolution zum „Kämpfer ausgebildet" – eine Fertigkeit, die er mit zunehmender Bevölkerungsdichte und wachsenden nachbarschaftlichen Gebietsansprüchen zum Schutze seiner Familie gut gebrauchen konnte. Diese Eigenschaft des Mannes wurde bzw. wird leider in unverantwortlicher Weise ausgenutzt – sobald ein „Vorgesetzter" ins Spiel kam. Könige, Diktatoren oder auch demokratisch gewählte Regierungen schickten Männer in Schlachten und Kriege, in denen sie ihr Leben aufs Spiel setzen mussten.

Diese Erfahrungen führten entweder dazu, dass Männer sich eine noch härtere Schale wachsen ließen oder an den Anforderungen zerbrachen. Der gravierende Gegensatz des dicken Panzers und der Fähigkeit zur tiefen, einfühlsamen Zuneigung zu seiner Partnerin erscheint uns heute noch oft als paradox und lässt selbst viele Männer der Gegenwart ratlos auf Ich-Suche gehen.

Mit der voranschreitenden technischen Evolution wurden viele körperlich anstrengenden Schwerarbeiten von Maschinen übernommen. Die „harte Schale" des Mannes war weniger bedeutsam. Als Jäger und Sammler verbrachten Männer viel Zeit alleine in der Natur. Diese Gewohnheit, in sich gekehrt zu sein und weniger über Dinge reden zu müssen als Frauen, hat sich in die männlichen Gene eingeprägt. Männer können z.B. oft die kleinen Freuden, an denen Frauen sich erfreuen, nicht im gleichen Maß wie diese empfinden und unterhalten sich bereitwilliger über Erlebnisse und Hobbys als über die täglichen Geschehnisse des Alltags, die Frauen schätzen und teilen wollen.

Die Kombination aus maskuliner Macht und weiblicher Gutmütigkeit haben dem Mann nach Jahrtausenden eine gewisse Bequemlichkeit beschert, die in seinem „Genkostüm" eingespeichert ist. Folgende typisch männlichen Aussagen bringen dies anschaulich zum Ausdruck: „Wenn du gerade dort bist, bring mir doch …", „Kannst du mir …?" oder „Hast du schon …?". Die Frau „hüpft und rennt", was insbesondere früher die gute Laune des Mannes als Familienoberhaupt fördern sollte.

Besonders auf der Jagd und später beim Bau einer Hütte bzw. eines Hauses war der Mann immer wieder gefordert nach besseren Lösungen zu suchen. Wurde die Familie oder der Clan größer, war es sein Job, darüber nachzudenken, schneller und effizienter zu jagen. War bei Regen die Hütte undicht, war es seine Aufgabe, rasch eine Lösung zu finden, um die undichte Stelle abzudichten und die „Wohnstelle" trocken zu bekommen. Der Mann wurde von der Evolution daraufhin getrimmt, auf dem technischen Gebiet die Position des Denkers und Erfinders einzunehmen – was praktischerweise immer wieder mit einem neuerlichen „Machtzuwachs" einherging. All diese Annahmen wurzeln in der Evolutionstheorie von Charles Darwin, die von Feministinnen und Wissenschaftern im Bezug auf das Verhalten von Männern und Frauen skeptisch betrachtet wird. Natürlich arbeite ich hier bewusst sehr plakativ und auch mit extremen Aussagen.

Es gibt immer Ausnahmen im Verhalten von Männern und Frauen und jeder hat zu diesem Thema seine Sichtweise.

Ich möchte aber kurz in Erinnerung rufen, dass Frauen seit der Altsteinzeit bis vor etwa einem halben Jahrhundert fast vollständig in Abhängigkeit vom Mann lebten. Mit der heutigen Wohlstandsgesellschaft hat sich diese Abhängigkeit aus Sicht der Frau um einiges zum Positiven verändert.

Natürlich ist aus dieser jahrhundertealten Prägung die „männlich dominierte Businesswelt", wie wir sie heute kennen, entstanden. Männer waren an der Macht und gründeten Unternehmen, Arztpraxen oder andere einflussreiche Institutionen. Frauen wurden in ihrer „typischen" Rolle durch religiös geprägte Bilder einzementiert, wodurch die Bereiche Kinder, Familie und Haushalt noch unverrückbarer als „weiblich" festgelegt waren. In sehr vielen konservativ geführten Unternehmen herrscht dieses Bild immer noch vor: Die Frau soll Zeit haben, zu Hause zu sein. „Teilzeitarbeit" ist ein Zugeständnis, damit Frauen auch etwas für sich tun können. Diese Entwicklung ist jedoch mittlerweile für Unternehmen finanziell fast nicht mehr tragbar. Aus diesem Grund plädiere ich seit geraumer Zeit dafür, mehr Kraft in den Ausbau von Kinderbetreuungsplätzen zu stecken als in eine Erweiterung des Teilzeitarbeitsangebotes.

Die geraubte Würde

Nicht vergessen werden darf, wie durch Hexenverfolgungen (1300 bis 1775 n. Chr.) überwiegend Frauen (ca. 80% der Opfer) in schrecklicher Weise ihre Würde genommen wurde. Wer als Hexe verfolgt wurde, der war das Todesurteil durch Verbrennung, Ertränkung und andere Grausamkeiten so gut wie sicher. Es ist mit Sicherheit davon auszugehen, dass dieser lange unmenschliche Zeitabschnitt der Hexenverfolgung, der mehr als 400 Jahre andauerte, Frauen in Angst und Schrecken versetzt hat. Auch dieser traumatische Zeitabschnitt und das Gefühl der Unterordnung bzw. Unterwerfung durch das stärkere Geschlecht haben in den weiblichen Genen Spuren hinterlassen.

Frauen waren aufgrund ihrer physischen Unterlegenheit und Abhängigkeit durch den Schutz des Mannes insbesondere in Konflikt- und Kriegszeiten sehr oft Opfer, denen ihre Würde willkürlich durch Vergewaltigung oder Demütigungen genommen wurde. Diese Verletzungen der weiblichen Seele sind aufgrund der im Laufe der Evolution erworbenen Einfühlsamkeit sehr schwierig oder gar nicht zu „heilen".

Die Fülle an negativem Einfluss über Jahrhunderte hinweg war für Frauen immer wieder eine Mahnung, dass sie sich kompromisslos unterzuordnen hatten.

Natürlich sind und waren auch Männer in Kriegszeiten großer Angst, Nöten und Repressalien (z.B. durch Gefangenschaft) ausgesetzt. Dadurch wird Männern oft mehr „Härte" und „Durchhaltevermögen" zugeordnet. Noch heute spiegelt sich das in der Erziehung von Jungen wider, die in der Regel völlig andere Schwerpunkte hat als jene von Mädchen. Das Klischee *„Ein Indianer kennt keinen Schmerz"* hatte lange Zeit Gültigkeit. Heute brechen diese alten Strukturen langsam auf. Jungen bzw. Männer dürfen zumindest in unserer europäischen Kultur schon mal Tränen vergießen.

Auch in der Freizeit entwickelten sich geschlechtsspezifische Disziplinen. Für das Kräftemessen unter Jungen bzw. Männern war z.B. lange Zeit der Ringkampf eine Möglichkeit, sich zu vergleichen, dem sogar pädagogische Wirkung zugeschrieben wurde. Im Laufe der Zeit entwickelten sich sportliche Wettkämpfe für Männer. Erst viel später durften sich auch Frauen in verschiedenen Disziplinen messen.

Als vor etwa 150 Jahren das technische Zeitalter begann, wurde die Frau von den Unternehmen als kostengünstige Arbeitskraft entdeckt – eine Entwicklung, unter der auch heute noch die Mehrzahl der Frauen leidet. Diese undankbare Startposition von Frauen in der industriellen Wirtschaft ist mitverantwortlich dafür, dass heute – eineinhalb Jahrhunderte später – nur wenige Frauen in leitenden Positionen zu finden sind. Dieser geschichtliche Aufholbedarf in puncto Image ist eine Bürde für Frauen, die leider sehr nachhaltig wirkt.

Ebenso ist das Wirtschaftsgeld ein geschichtlich gewachsener Aspekt, der Frauen heute noch in eine Rolle drängt, die einer Gleichstellung in Ansehen und Wertigkeit entgegenwirkt. Die vom Mann ausgehändigte Haushaltsgrundlage legte neben diversen Arbeiten (Kochen, Putzen, Waschen, Kindererziehung, …) auch die Nahrungsmittelbeschaffung in die Hände der Frau – und war (und ist) sehr oft ein Machtinstrument, das bewusst eingesetzt wird, um klarzustellen, wer die finanzielle Oberhoheit in der Familie hat. Der technische Fortschritt hat der Frau zwar Maschinen beschert, die die Arbeit erleichtern, eine grundsätzliche Bereitschaft zur Hilfe im Haushalt durch den Mann ist jedoch erst seit der letzten Generation erkennbar. Im gesamten geschichtlichen Kontext betrachtet ist das ein winziger Zeitraum.

Auf der Überholspur – Unterschiede und Stolperfallen erkennen

Ich möchte Ihnen Wege aufzeigen, wie Sie berufliche Ziele leichter erreichen. Es ist mir jedoch auch ein wichtiges Anliegen, zu demonstrieren, dass dies kein Kampf gegen das männliche Geschlecht ist. Der „Feind Mann", der als machtgeiles Tyrannenkollektiv dem Aufstieg der Frau gegenübersteht, existiert zwar in vielen Köpfen, ist aber meistens nur ein selbst genährtes Feindbild, um einen scheinbar übermächtigen Sündenbock parat zu haben, den man für Rückschläge verantwortlich machen kann.

Der vorangegangene Exkurs dient uns zur Feststellung und Sichtbarmachung der Ursachen für die Muster in der Gesellschaft – nicht, um eine Trennung zweier Frontlinien für eine Schlacht „Gut" gegen „Böse" herauszufiltern. Es ist lediglich wichtig, sich der evolutionären Unterschiede zwischen Mann und Frau bewusst zu werden, um als weibliche Führungskraft bestehen und wachsen zu können. Bitte denken Sie dabei nicht in Schwarz-Weiß-Kategorien „Wir sind so, die sind so". Diese Sichtweise hält Sie in Ihrer Weiterentwicklung nur auf und verhindert die Nutzung Ihres konstruktiven Potenzials. Wir unterscheiden uns einfach von Männern, und das hat Vor- und Nachteile. Das Wissen über die Unterschiede und die Erkenntnisse richtig einzusetzen ist das neue Rüstzeug für den Weg nach oben.

Und ja, natürlich ist der Weg nach oben kein Spaziergang. Das gilt aber für beide Geschlechter. Auch Männer haben ihre eigenen Regeln und Hindernisse beim Aufstieg an die Spitze und bei der Erreichung ihrer Ziele. Für Frauen geht es vor allem um die Unterschiede zwischen diesen beiden Welten, um sich möglichst viel persönlichen Bewegungs- und Spielraum zu schaffen.

Was sind nun die markantesten Unterschiede zwischen Mann und Frau im beruflichen Alltag? Betrachten wir doch einmal im Detail, was die Geschlechter im beruflichen Kontext trennt.

„Der schlimmste Fehler von Frauen ist ihr Mangel an Größenwahn." Dieses Zitat stammt von der deutschen Schriftstellerin Irmtraud Morgner (1933–1990). Und scheinbar hat es seine Berechtigung. Zumindest ernte ich jedes Mal, wenn ich es in der Öffentlichkeit verwende, breite Zustimmung seitens der anwesenden Frauen.

Stellen Sie sich folgende Situation vor: Der neu gebildete Vorstand eines Unternehmens und die oberste Managementebene versammeln sich zu einem Workshop. Die Riege der Führungskräfte besteht zu einem Drittel aus Frauen und zu zwei Dritteln aus Männern. Der Vorstandsvorsitzende bittet die Führungskräfte darum, nacheinander das Podium zu betreten und sich kurz zu präsentieren.

Wer betritt wohl als Erstes die „Bühne"? Es stürmen zuerst Männer nach oben. Der Vorstand kann sich glücklich schätzen, wenn sich überhaupt eine Frau meldet. Männer lieben das Risiko und glauben, dass sie auch aus dem Stand heraus gut auf jede Situation vorbereitet sind. Frauen denken zu viel nach und glauben meist sich besonders gut auf eine Situation vorbereiten zu müssen. Frauen stellen sich nicht vorne hin und zeigen, was sie können. Sie wollen aufgefordert werden.

Eine Klientin, die in einem großen Unternehmen tätig ist, berichtete mir von einer regelmäßig stattfindenden Sitzung für Neuerungen im Bereich „Vertrieb". Die Zusammensetzung: acht Männer und zwei Frauen. Der übliche Ablauf sieht so aus: Am Anfang „schreien die Männer laut" wie bei jedem Meeting, jeder erzählt über das Geleistete und der Bessere gewinnt. Währenddessen verhalten sich Frauen sehr ruhig. Wenn es um die Neuerungen geht, nehmen Männer eine selbstgefällige Sitzposition ein und warten, was die Frauen zu dem Thema präsentieren. Frauen stehen dann auch auf und berichten im Detail über ihre Vorhaben. Sie sind in solchen Situationen meistens zu 150% vorbereitet, Männer im Gegenzug meist nur zu 70%. Danach wird das Gehörte von männlicher Seite beurteilt und großzügig mit einem Grinsen gelobt: *„Wie immer, Frau Kollegin, haben Sie das perfekt ausgearbeitet. Gut, dass ich mich kurzgehalten habe."* Was können Frauen daraus lernen? Sparen Sie Zeit und Energie. Ihre Beiträge müssen nicht immer perfekt und zu 150% ausgearbeitet sein. Männern reicht weniger und sie kommen schneller voran, weil sie sich in der gesparten Zeit auch noch um ihr Netzwerk kümmern können.

Eine Seminarteilnehmerin teilte eine markante Episode aus ihrem Berufsalltag mit mir, die diesen Unterschied schön aufzeigt: Sie hatte mit gewaltigem Aufwand eine Präsentation für einen neuen Prozessablauf im Unternehmen vorbereitet. Nach tagelanger Recherche verstrickte sie sich auch ein wenig und ihre Vorbereitung artete letztlich in eine „Doktorarbeit" aus. Ihr Anspruch an sich selbst war hoch und letztlich waren sehr viele Abendstunden für die Präsentation aufgelaufen. Am Tag X war sie einerseits sehr stolz, aber auch sehr müde. Das äußerte sich unter anderem darin, dass ihr der Charme bei der Präsentation fehlte und sie sich zu sehr in die Erklärung von Hintergründen und Details verstieg. Wie sie aus dem Augenwinkel beobachtete, nickte der eine oder andere Kollege während der Präsentation fast ein und sie war nach dem Ende extrem darüber enttäuscht, wie alles gelaufen war. Während sie noch zerknirscht ihre Unterlagen zusammenpackte, erklomm ein Kollege das Podium. Er präsentierte kurz und knackig seine Vorgehensweise für einen anderen Prozess – ohne dabei übermäßig auf Details und Fakten einzugehen. Seine Kernaussage lautete: *„Sobald der Prozess fixiert ist, geht die Detailarbeit los. Vorher macht das keinen Sinn."* Sie werden es schon ahnen: In diesem Fall begrüßte der Vorgesetzte diesen „dynamischen Ansatz" und lobte den Kollegen mit außergewöhnlichen und unüblich enthusiastischen Worten.

Meine Seminarteilnehmerin ärgerte sich immens, dass sie so viel Aufwand betrieben und dann auch noch den Fokus verloren hatte. Ich riet ihr, den eigenen Anspruch herunterzuschrauben und vorab genau nachzufragen, was für die Präsentationen oder die Konzepte verlangt bzw. erwartet wird. Alleine die Frage an Ihren Vorgesetzten *„Wie ausführlich wollen Sie den Bericht?"* wird Ihnen aufzeigen, was die Erwartungen sind. Wer danach handelt, wird fokussierter und effizienter sein und überdies viel mehr Freizeit mit Freunden oder beim Sport genießen können.

Der Perfektionsanspruch der Frauen ist bei meinen Beratungen stets ein großes Thema, deshalb möchte ich auch auf den Bereich Weiterbildung näher eingehen.

Eine Frau, die sich gerade mit dem Gedanken trug, eine Weiterbildung in Angriff zu nehmen, kam zu mir in die Beratung. Viele Gespräche in diese Richtung drehen sich dabei um anstehende Entscheidungen und die begleitende Unsicherheit, ob man damit den richtigen Weg einschlägt. Meine ersten Standardfragen lauten daher: *„Was wollen Sie erreichen?"*, *„Welche Ausbildungen haben Sie bereits?"* In diesem Fall kam die Antwort auf die zweite Frage wie aus der Pistole geschossen, während die erste Frage eher schleppend erwidert wurde. *„Woher sollen Sie wissen, wie Sie Ihr Boot für eine Reise bestücken müssen, wenn Sie Ihr Ziel nicht kennen?"*, wollte ich wissen. Die Klientin sah mich an und musste lächeln. Wir machten gemeinsam einen gedanklichen Schritt zurück und sahen uns an, welche Ziele sie anstreben wollte. Danach stellten wir fest, dass sie über alle Ausbildungen verfügte, die für ihr Ziel nötig waren. Nur war ihr die Vorgehensweise für weitere Schritte, um das Ziel zu erreichen, noch unklar.

In völligem Gegensatz dazu: Männer in der gleichen Situation. Sie berichten von sich aus von dem zu erreichenden Ziel, das nicht selten meilenweit außerhalb der Reichweite des vorliegenden Wissens und Könnens liegt. Vielen ist das auch bewusst – es macht ihnen aber kaum Kopfzerbrechen. Manche von ihnen haben sogar einen Plan parat, wie sie dieses Ziel erreichen wollen. Wenn ich frage, woher das dazu nötige Wissen und Know-how herkommen soll, höre ich Antworten wie: *„Das Fachwissen kaufe ich zu. Ich muss ja nicht alles selbst machen, sondern bin eher der Leader."*

Das Lernpotenzial für Frauen in diesem Bereich: Denken Sie nicht zu viel darüber nach, welches Wissen Sie sich vielleicht noch aneignen sollten, sondern primär darüber, was eigentlich Ihre Ziele sind. Dann können Sie punktgenaue Schritte auf Ihrem persönlichen Erfolgsweg setzen.

Um Ihre Ziele zu finden, ist die Befassung mit diesen Fragen hilfreich:

- Was ist mein Ziel (Definition)? Was benötige ich, um die Ziele in meinem Leben zu erreichen?
- Habe ich alle notwendigen Voraussetzungen? Was fehlt mir dazu noch? Wer kann mich dabei unterstützen? Wie gehe ich die Sache an?
- Wie schaut der Plan im Detail aus? Bis wann möchte ich das Ziel erreicht haben?
- Wer hat Einfluss (positiv, negativ, neutral) auf die Zielerreichung? Was passiert, wenn ich scheitere? Was gewinne ich, wenn ich das Ziel erreiche?
- Was ist anders, wenn ich das Ziel erreicht habe? Was ist mein täglicher Antrieb, um das Ziel zu erreichen?

Wenn ich mit Frauen spreche, erzählen sie mir sehr oft von ihren beruflichen Irrwegen und ihren vielen ideell motivierten Kurskorrekturen. Sie haben aus dem „Sinngrund" ihren Weg verändert. Die Bankerin, die mittlerweile als Shiatsu-Therapeutin arbeitet, die Kindergärtnerin, die Taschen und Halsbänder für Hunde näht, oder die Managerin, die eine Zuckerbäckerei gekauft hat, sind genauso reale Fälle wie die Juristin, die schon die dritte Coaching- und Beraterausbildung hat – und nach wie vor nicht weiß, wo ihr Weg sie hinführt.

Männer hingegen sind fast immer noch in jenem Job (oder zumindest in jener Branche) anzutreffen, in der sie seinerzeit ihre Berufslaufbahn begonnen haben. Die meisten von ihnen werden das freiwillig bis zum Pensionsantritt nicht ändern. Männer tendieren nicht dazu, ihr Hobby zum Beruf zu machen, um Erfüllung zu finden. Sie haben den Beruf und daneben oft sehr ausgefallene Hobbys.

Frauen wollen sich treu bleiben, Männer sichern sich ihr Haupteinkommen und ihren Status, um sich damit Fantasien und Wünsche zu erfüllen. Strategie und klare Ziele sind aus meiner Erfahrung zu 80% kein Thema bei Frauen! Die typische Frauenaussage ist eher „Ich handle intuitiv". Mit diesem Ansatz machen es sich Frauen jedoch schwerer, als ihnen bewusst ist. Intuition ohne Strategie endet oft in einer Sackgasse bzw. dort, wo man nie hinwollte. Eine Strategie bzw. Ziele für sein Leben zu haben, schafft Klarheit, Perspektiven und zeigt die Richtung auf.

Eine Unternehmerin suchte eines Tages meinen Rat. Bevor sie ihre Kinder bekommen hatte, war sie sehr erfolgreich und kompetent in ihrem Job unterwegs gewesen. Damals hatte sie gewusst, was sie konnte und wohin sie wollte. Sieben Jahre nach der Geburt ihres ersten Kindes fehlte ihr plötzlich völlig der Plan. Sie hatte das Vertrauen in sich und in ihre Fähigkeiten verloren. Plötzlich bot sie ihre Leistung gratis an und verstrickte sich in unterschiedlichen Projekten, die fast nichts mehr mit ihrer Kernkompetenz zu tun hatten. Da ich die Frau von früher her kannte, war ich geradezu schockiert über diesen gravierenden Persönlichkeitswechsel. Auf meine Frage, was vor den Kindern anders gewesen war, kam die Antwort: *„Ich wollte immer Familie und auf das habe ich hingearbeitet. Dann war die Familie da und ich habe nach sieben Jahren gemerkt, dass es keine Lebensaufgabe ist, sondern nur ein Zeitabschnitt meines Lebens."* Ich fragte: *„Was ist Ihnen abhanden gekommen?"* Ihre Antwort: *„Ein Ziel und etwas, das mir wirklich am Herzen liegt."* Wir machten uns gemeinsam auf die Suche.

Der Unterschied zu Männern ist aus meiner Erfahrung, dass Männer meist nicht nur ein Ziel haben. Sie wollen verschiedene Dinge im Job, im Sport oder in anderen Bereichen erreichen und setzten sich dort Ziele. Meist gelingt ihnen das, obwohl Kinder und Frau da sind. Sie nehmen sich die Zeit dafür.

Wenn wir schon bei den Unterschieden sind, möchte ich natürlich auch gerne das vielbemühte Klischee, dass Frauen mehr sprechen als Männer, heranziehen und präzisieren: Männer kommunizieren einfach, direkt und effizient. Frauen holen aus, erzählen im Detail und geizen dabei nicht mit Emotionen. Aus diesem Grund wären Frauen z.B. im Vertrieb oft gut eingesetzt. In diesen Bereichen könnten sie ihre natürliche Sozialkompetenz einbringen und immer wieder aufs Neue unter Beweis stellen. Diese Beobachtung haben mir viele Teilnehmerinnen meiner Seminare bestätigt. Sie beobachteten selbst in Besprechungen, dass Frauen viel ausführlicher und ausschweifender erzählten, während Männer sich in der Kunst der Reduktion übten. Wenn Männer mehr sprechen, dann nur, um eine Machtposition zu festigen oder zu bestätigen. Mir persönlich ist das besonders stark im wissenschaftlichen oder universitären Bereich aufgefallen. Experten neigen dazu zu „schwafeln". In diesem Bereich betrifft das interessanterweise mehr Männer als Frauen. Um eine „Expertenposition" aufrechtzuerhalten, sprechen auch Männer sehr viel und ausführlich.

Ein oft vorausgesetztes Klischee stimmt jedoch nicht: Der Mythos, dass Frauen quantitativ mehr sprechen als Männer, wurde im Jahr 2007 durch eine Studie des Psychologen Matthias Mehl von der Universität Arizona/USA widerlegt. Es gibt lediglich einen Unterschied von 500 Worten pro Tag.

Frauen und ihr (Geld-)Wert

Sicher kennen Sie folgende Aussage: *„Mir ist Geld nicht so wichtig. Ich möchte einen Job, der mich ausfüllt, der mir Spaß macht und bei dem ich mit Leuten zusammenarbeite, mit denen ich mich gut verstehe."* Ich habe diesen Satz noch nie von einem Mann gehört – und das, obwohl ich mit diesem Aspekt im Rahmen meiner Coachingarbeit so gut wie tagtäglich konfrontiert bin. Vielleicht ist meine folgende Aussage für manche gewagt und provokant: Ich bin der Meinung, dass Frauen teilweise selbst schuld daran sind, dass sie weniger verdienen als Männer. Frauen sind neben dem Gehalt viele andere Aspekte wichtig, wenn sie eine Aufgabe übernehmen. Daher geben sie in Verhandlungen dem Thema Geld weitaus weniger Gewicht als Männer. Oder anders gesagt: Sie verlangen zu wenig. Im EU-Durchschnitt beträgt die Gehaltslücke 15 Prozent. In Deutschland sind es rund 22 Prozent. In Österreich hat sich laut Statistik Austria 2010 zwischen 1997 und 2009 der Gehaltsunterschied zwischen Frauen und Männern nicht verändert. Frauen verdienen über die Jahre hinweg betrachtet rund 35% weniger als Männer. Obwohl das Gehalt inflationär anstieg, änderten sich die 35% Unterschied nie.

Einer meiner Kunden teilt mit mir regelmäßig seine Erfahrungen aus dem Recruitingbereich. In Kenntnis meiner Schwerpunktarbeit für Frauen achtet er dabei speziell auf die Unterschiede zwischen Männern und Frauen. Eine seiner Geschichten war besonders markant für mich: Es galt, eine Stelle in einer Marketingabteilung zu besetzen. *„Wir hatten 50% Männer und 50% Frauen zu einem persönlichen Bewerbungsgespräch gebeten"*, erzählte er. *„Die Männer haben sich durch die Bank besser verkauft und wussten genau, was sie verdienen wollten. Die Frauen haben sich regelrecht für ihren Anspruch auf diese Stelle entschuldigt, erzählten ausführlich über ihre Mängel und wurden sehr zurückhaltend, sobald das Thema Gehalt angesprochen wurde: ‚Wissen Sie, mir ist es wichtig, wirklich Spaß an meiner Arbeit zu haben' ist keine seltene Aussage von Frauen. Im Schnitt verlangten die Frauen ca. 30% weniger Gehalt als Männer – und waren sich dabei auch nicht sicher, ob sie damit den Bogen überspannten."*

Mein Fazit: Es liegt am fehlenden Selbstvertrauen, am fehlenden Fokus und am fehlenden Anspruch auf Status, dass sich Frauen unter ihrem Wert verkaufen.

Ich werde auf all diese Punkte im Einzelnen eingehen und erklären, wie Sie nicht in diese Falle tappen. Werden Sie sich gegenüber aufmerksamer, warum die Situation für Frauen so ist, wie sie ist. Es liegt nicht immer an den anderen. Es liegt auch an uns Frauen! Wer soll uns vertrauen, wenn wir uns selbst nicht vertrauen? Warum soll uns jemand etwas zumuten, wenn wir uns selbst nichts zumuten? Wer soll an unseren Erfolg und unsere Fähigkeiten glauben, wenn wir selbst nicht an unseren Erfolg glauben?

Wir selbst sind der Schlüssel zu unserem Erfolg und wir selbst haben es in der Hand, Dinge zu verändern. Aber das hat auch seinen Preis: Man muss sich von den vielen Ausreden, warum etwas *nicht* funktioniert, verabschieden. Erfolgreiche Menschen sind deshalb erfolgreich, weil sie sich Bilder über ihre Zukunft skizzieren, schreiben, malen oder formen – in Gedanken, Wort und Schrift. Meine Vorstellungen von mir und der Welt prägen unmittelbar meine Handlungen und meine Entscheidungen – sowohl die positiven als auch die negativen.

Nehmen wir einen simplen Klassiker aus der Frauenwelt, den viele Männer vor allem aus der Rolle des gehetzten und genervten Begleiters kennen: Ein spezieller Anlass steht vor der Tür und ich weiß, dass ich dazu ein blaues Kleid in Etuiform tragen möchte. Meine Vorstellung formt meine Handlungen und mein Verhalten. Ich werde beim Shoppen an weißen Kleidern vorbeigehen und in jedem Geschäft direkt die blauen Kleider ansteuern. Falls mich eine Verkäuferin anspricht, werde ich sagen, dass ich auf der Suche nach einem blauen Kleid in Etuiform bin. Die Verkäuferin wird mir in Kenntnis des Sortiments Auskunft geben, ob sie ein solches Kleid im Geschäft hat. Zumindest wird sie mir alle blauen Kleider zeigen. Falls mir mein Partner bei der Suche helfen sollte und mir ein rosa Kleid vorschlägt, werde ich ihm sehr bestimmt klarmachen, warum dieses Kleid nicht das richtige ist und was ich stattdessen suche. Mit Sicherheit werde ich durch das formulierte Ziel *„Ich will dieses Kleid"* mit einem Kleid nach Hause kommen, das meiner Vorstellung entspricht oder ihr zumindest sehr nahekommt – egal ob es Tage oder Wochen dauert.

Stellen Sie sich diesen Ehrgeiz und diese Durchsetzungskraft umgemünzt auf Ihren beruflichen Karriereweg vor. Sie möchten mehr Gehalt? Wie viel? Ab wann? Warum sollte Ihnen die Firma mehr zahlen? Schreiben Sie alles nieder! Machen Sie sich ein Bild, wie Ihr „blaues Kleid" (= Lohnerhöhung/Gehalt) aussehen muss und welche Rahmenbedingungen es beinhalten soll. Dann kann die praktische Umsetzung losgehen: In welches „Geschäft" (= Abteilung) müssen Sie gehen, um mehr Gehalt zu bekommen? Wer ist für Sie zuständig? Ist das angestrebte Gehaltsniveau in diesem Unternehmen überhaupt möglich? Überlegen Sie sich eine Strategie, um mehr Gehalt zu bekommen. Argumentieren Sie dann vor dem zuständigen und entscheidungsbefugten Vorgesetzten, warum genau Sie dieses „blaue Kleid" (= Lohnerhöhung/Gehalt) haben müssen und was der Vorgesetzte davon hat, wenn Sie dieses „Kleid" haben.

Bei Kleidern oder Schuhen sind wir Frauen in solchen klaren Entscheidungen und Argumentationen geübt. Bei den Themen Gehalt, Position, Prämien oder Aufgaben verlieren wir manchmal den Weg und den Mut, weil wir den Glaubenssatz in uns tragen *„Es ist uns nicht sooo wichtig"*.

Wo stehen Sie?

Bevor Sie weiterlesen, möchte ich Sie an dieser Stelle dazu anregen, sich selbst zu betrachten. Wo stehen Sie und was fehlt Ihnen? Stellen Sie sich folgende Fragen und versuchen Sie diese ungeschönt und ehrlich zu beantworten:

→ Was sind meine Glaubenssätze?

→ Welche Muster habe ich seit Jahren? Was wiederholt sich immer wieder?

→ Welche Ziele habe ich? Was möchte ich erreicht haben?

→ Welche herausfordernden Themen beschäftigen mich derzeit in meinen Projekten/Aufgaben/Unternehmungen?

→ Welche Rolle/Funktion nehme ich dabei jeweils ein?

→ Wie fühle ich mich dabei?

→ Verdiene ich das, was ich eigentlich verdienen sollte?

→ Nehme ich meine Aufgabe wirklich wahr?

→ Sollte ich nicht schon längst einen Schritt weiter sein?

→ Was bedeutet für mich Führung im Unternehmen?

→ Was bedeutet für mich Selbstführung?

KAPITEL 2
Vertrauen als Erfolgsfaktor

Wenn auf der Straße eine fremde Frau die Absicht äußert, sich „trauen" zu wollen, assoziieren das unbeteiligte Zuhörer auch im 21. Jahrhundert wohl noch immer als Erstes mit dem Gang zum Altar oder auf das Standesamt. Die allgemeine Klischeeschublade birgt – z.b. mit dem klassischen Bild der stets Kinder umsorgenden Jungmutter oder jenem der blonden jungen Ahnungslosen – noch immer allzu präsente Artefakte, die untermauern, warum man(n) Frauen couragiertes, eigenständiges und herausragendes Handeln erst auf den zweiten Blick zutraut – wenn überhaupt. Umgekehrt werden Frauen, die in ihrem Business stehen, erfolgreich eine Führungsetage anstreben und sich bewusst für eine Karriere entscheiden, in vielen Fällen als „Mannweiber" etikettiert und verunglimpft. Oder woher, glauben Sie, kommt der anerkennende Spruch *„Eine Frau steht ihren Mann"*?

Stellen Sie sich folgenden Typ Frau vor: groß, blonde lange Haare, schlank, ein Lächeln auf den Lippen, Businesskleidung mit persönlichem Touch, geschminkt und Mitte 30. Was würden Sie dieser Frau zutrauen? Welche Position könnte sie innehaben?

Bildwechsel: Jetzt sehen Sie eine Frau um die 40 vor Ihrem geistigen Auge. Kurze ungefärbte Haare, sehr männlich geschnittener Businessanzug, wenig bis gar kein Schmuck, ungeschminkt. Welches Klischee erfüllt diese Frau für Sie?

„Bienenkönigin" wider Willen

Tatsächlich nehmen Frauen, die die Karriereleiter nach oben klettern, erwiesenermaßen sehr oft maskuline Verhaltenszüge an. Das zeigt sich den Betrachtern häufig durch die auffallende Wahl der Kleidung und den persönlichen Stil, bei dem jede Form der Weiblichkeit oft versteckt oder gar überhaupt vermieden wird. Männliche Verhaltensweisen (in Sprache, Gestik, Verhaltensweise, ...) werden ganz offensichtlich imitiert.

Manche Ratgeber und Sachbücher für Frauen im Berufsleben empfehlen noch immer diese Art und Weise des Auftritts – insbesondere, wenn es um das Thema Macht geht. Doch diese Zeiten sind längst vorbei und keine Frau ist gut beraten sich so zu geben. Natürlich müssen sich Frauen der männlichen Welt anpassen. Aber zu einer plumpen Kopie zu verkommen, ist doch etwas ganz anderes. Mehr zu diesem Thema finden Sie übrigens auch im Kapitel 4, „Kommunikation – die nicht genutzte Ressource", und im Kapitel 5, „Gezielter Auftritt zum Erfolg".

An der Universität Leiden (Niederlande) beschäftigte sich ein Team von Soziologen ausführlich mit diesem männerimitierenden Aspekt des weiblichen Führens und verpasste ihm den plakativen Namen „Queen Bee Behaviour" (Bienenköniginnen-Verhalten). Dies beschreibt jene Verhaltensänderung, bei der Frauen auf dem Weg „nach oben" quasi zu Verräterinnen am eigenen Geschlecht mutieren und sich selbst immer mehr als Ausnahmeerscheinung unter der weiblichen Belegschaft betrachten. Die Erklärung: Pro Bienenvolk kann es nur eine Königin geben und diese möchte es auch bleiben. Noch bevor die Geschlechtsgenossinnen zur gefährlichen Konkurrenz heranreifen, werden sie von der Königin gestochen – und diese Stiche tun richtig weh.

Auch Psychologen der Universität von Cincinnati (im US-Bundesstaat Ohio) beschäftigten sich mit diesem Szenario. Ihre Erkenntnis: „*Während Männer im direkten Umfeld der Bienenkönigin unterstützt werden, wird weiblichen Untergebenen das Leben schwer gemacht, indem sie eher behindert als gefördert werden.*" Das bedeutet: Wenn die Solidarität unter Frauen gleich null ist, dann schmerzt das die weibliche Arbeitsbiene natürlich besonders. Die entsprechende Studie in Cincinnati, an der 2.000 Probandinnen teilnahmen, beweist, dass Frauen, die es mit einer solchen Vorgesetzten zu tun haben, besonders häufig unter gesundheitlichen Problemen wie Depressionen, Schlaflosigkeit und Kopfschmerzen leiden.

Die wissenschaftlich fundierten Ergebnisse der Soziologen in Holland und in den USA stellen Frauen in Machtpositionen kein sympathisches Zeugnis aus: Mit steigendem Hierarchiestatus distanzieren sich Frauen zunehmend von ihren Kolleginnen, versagen ihnen Unterstützung und Sympathie und enden paradoxerweise als frauendiskriminierende Frauen.

„*Warum sollen es andere leicht haben, wenn ich mir meinen Status so hart erkämpfen musste? Mir hat schließlich auch keiner was geschenkt!*" – laut Forschern ist das ein typischer „Bienenkönigin"-Gedanke. Auch in England sind „Bienenköniginnen" Gegenstand von Studien. Prof. Cary Cooper von der britischen Universität Lancaster bringt seine Beobachtungen auf den Punkt: „*Diese Frauen glauben, dass sie ihre Position nur halten können, wenn sie genauso hart – oder noch härter – sind wie ihre männlichen Kollegen. Das gilt besonders für Frauen in männerdominierten Berufen.*" Prof. Cooper hat auch ein Paradebeispiel mit großem Bekanntheitsgrad an der Hand: „*Die Eiserne Lady Margaret Thatcher ist das beste Beispiel für diesen Typ Frau. Sie war härter als alle Männer um sie herum. Das war das Geheimnis ihres Erfolges.*"

Zurück an die Universität in Leiden. In empirischen Interviews mit Polizistinnen in höheren Positionen zeigte sich, dass sich das „Bienenköniginnen"-Verhalten vor allem dann intensiviert, wenn die Befragten zuvor an eine Situation erinnert werden, in der sie aufgrund ihres Geschlechts selbst diskriminiert worden waren. Polizistinnen, die aufgefordert wurden, eine solche Episode zu erzählen, gaben z.b. danach an, sich ohnehin nur wenig mit anderen Frauen zu identifizieren und sowieso einen *„eher männlichen Führungsstil"* zu bevorzugen.

Dabei handelt es sich laut den Leidener Wissenschaftern um ein unbewusstes taktisches Manöver von Frauen in männerdominierten Hierarchiestrukturen: Frauen, die männlichen Kollegen darin zustimmen, dass Frauen weniger leistungsstark, zuverlässig, weitsichtig etc. sind – sie selbst jedoch die große Ausnahme darstellen –, steigern ihre Chancen, in einem solchen Umfeld aufzusteigen. Frauen machen sich die Strukturen und Machtgefüge der Männer zunutze und entwickeln eine eigene Strategie, um ans Ziel zu kommen, die letztlich jedoch zur eigenen Diskriminierung führt. Das klingt nicht nur beinhart, es ist auch so. Der große Irrtum, dem „Bienenköniginnen" aufsitzen, ist: Sie kopieren nicht die Instrumente der Männerwelt, sondern manipulieren diese durch eine übliche Vorgehensweise mit langer Tradition – der Unterwerfung.

Zur Ehrenrettung dieser Frauen sei gesagt, dass ihre Denkweise wenig mit individueller Charakterschwäche, sondern vielmehr mit dem jeweiligen Umfeld, dem Unternehmen und der menschlichen Natur zu tun hat: Menschen neigen dazu, sich von einer Gruppe zu distanzieren, wenn sie merken, dass diese nicht hoch angesehen ist.

Das Ergebnis bleibt dennoch ernüchternd: Auch diese Frauen bedienen letztlich ein Klischee, gegen das sie zuvor jahrelang angekämpft haben und das eigentlich – so sollte man meinen – in der heutigen Zeit keinen Platz mehr hat:

jenes der Ungleichheit der Geschlechter – mit dem Unterschied, dass sie selbst nun vermeintlich auf der anderen, besseren Seite stehen.

Diese Entwicklung macht fatalerweise oft auch jenen visionären Unternehmen einen Strich durch die Rechnung, die ganz gezielt auf weibliche Führungskräfte setzen. Das Aussenden von Signalen an die Mitarbeiterinnen, dass ihre Entwicklung ausdrücklich erwünscht ist und gefördert wird, führt durch „vermännlichte" Frauen in Führungspositionen erst recht in eine geschlechterungerechte Stagnation.

Zwischen Geschlechtermimikry und Selbstverleugnung

Wie sieht unverfälschtes und unbeeinflusstes weibliches Urvertrauen aus? Wird eine Frau in der Wirtschaft wirklich nur dann als couragiert und selbstbewusst wahrgenommen, wenn sie sich benimmt *„wie ein Mann"* – sie also Geschlechtermimikry betreibt? Sind wir ehrlich: Dies würde keinen großen Fortschritt für die Rolle der Frau in höheren Positionen darstellen. Im Gegenteil. Wie lange eine Frau dieses Rollenspiel durchsteht, ohne sich selbst zu verlieren, kann man sich ausrechnen. Im Endeffekt ist es ein Versteckspiel mit Permanenttarnung, dessen Preis für viele Frauen von vornherein zu hoch ist und das auf Dauer direkt in die Sinnkrise führt.

„Wenn erfolgreich zu sein bedingt, dass ich meine Identität verliere, dann verzichte ich auf den Erfolg", ist daher auch ein oft gehörter Satz bei Coachinggesprächen mit weiblichen Anwärtern auf Führungspositionen. Es ist ein nach-

vollziehbarer und richtiger Gedankengang – aber auch ein deutliches Zeichen dafür, wie radikal Frauen den Weg an die Spitze zu Beginn des Weges einschätzen: Als Erfolgsgarant wird von vornherein eher das Nachahmen des von anderen vorgelebten und systemkonformen Verhaltens gesehen als die eigenen individuellen Führungsqualitäten. Oder kurz gesagt: Führen bedeutet für Frauen offensichtlich, sich von vielen ureigenen Wesensaspekten zu verabschieden und sich daran zu gewöhnen, ein Stück mehr „Mann" zu werden bzw. „ihren Mann zu stehen".

Der noch immer vorherrschende Irrglaube, dass Frauen männliche Züge besitzen müssen, um es an die Spitze zu schaffen, ist in der Praxis aus meiner Wahrnehmung heraus längst überholt. Im Gegenteil, „Führungsfrauen" sollten sich ihres eigenen Führungsverhaltens bewusster werden und es „trainieren". Wir werden später darauf eingehen, wie dies durch eine Anpassung ohne Selbstverleugnung am besten gelingen kann.

Nicht selten kommen mir bei Seminaren mit männlichen Auftraggebern folgende Worte unter: *Ich schätze Kolleginnen, die Frau sind, aber trotzdem wissen, was sie wollen, und das auch klar kommunizieren. Ein Herumreden, die Unklarheit ihrer Ziele und der Zwang, immer lieb sein zu müssen, sind für mich manchmal anstrengend. Nicht ich bin verantwortlich, dass Kolleginnen ihre Wunschposition erreichen, sondern die Frauen selbst.*" Wie geht es Ihnen, wenn Sie diese Worte lesen?

Bei vielem dreht sich alles vor allem um das vorhandene oder fehlende Vertrauen in die eigenen Qualitäten. Dieses Vertrauen in sich selbst bzw. ein Mangel davon ist mit Sicherheit kein rein weibliches Thema. Frauen gehen aufgrund des gesellschaftlichen Backgrounds nur meistens anders damit um als Männer – oft leider nicht zu ihrem Vorteil. Recht typische Aussagen von Frauen lauten beispielsweise:

„Ich kann noch nicht genug", „Ich muss noch etwas lernen, um dorthin zu kommen, wo ich hin will", oder „Ich bin noch nicht angekommen".

Vertrauen in die eigenen Fähigkeiten

Was kann ich? Was habe ich gelernt? Was tue ich, um mich weiterzuentwickeln? Sich seiner Fähigkeiten bewusst zu werden und sich die eigenen Qualitäten immer wieder in Erinnerung zu rufen lässt das Vertrauen in sich selbst wachsen. Neben diesem „inneren Prozess" ist es für Frauen jedoch auch wichtig, über diese Dinge zu sprechen – und dabei von den Männern zu lernen. Männern thematisieren in Gesprächen oft und gerne, was sie alles schon können oder gemacht haben. Frauen hingegen sprechen eher darüber, was sie noch machen möchten. „Geschafftes" und „Geleistetes" finden wenig Platz.

Frauen sind häufig zurückhaltend mit dem Thematisieren von Erfolgen. Ihr häufigster Trugschluss: Sie denken, dass ihre Fähigkeiten und Leistungen ohnehin bemerkt und gewürdigt werden. Doch das passiert im Alltag selten bis gar nicht. Männer haben erkannt, dass Erreichtes immer wieder erwähnt werden muss, um von anderen gesehen zu werden. Dieses unterschiedliche Verhalten führt dazu, dass sich Frauen schwerer damit tun, gewisse Positionen zu erreichen. Die simple Wahrheit dahinter: Der Chef erkennt meistens nicht das volle Potenzial seiner weiblichen Mitarbeiter.

Was kann „frau" dagegen tun? Ich fordere meine Klientinnen zu mehr „Selbstmarketing in Nebensätzen" auf. Lesen Sie sich doch einfach einmal folgende Aussage durch: *„Also, das Projekt war herausfordernd und spannend zugleich. Wir mussten mehrere Länder an einen Tisch bringen und einen Konsens finden. Eine Gruppe mit dreißig Männern als Moderatorin zu führen war trotz meiner großen*

Erfahrung etwas Besonderes. Aber wir haben es geschafft, einen fundierten Bericht abzuliefern, der auch bei den Projektverantwortlichen positive Reaktionen ausgelöst hat. Im nächsten Monat sollen wir noch so eine Veranstaltung mit einem neuen Thema und mit wahrscheinlich doppelt so vielen Teilnehmern abhalten. Ich freue mich auf diese Herausforderung."

Wie wirkt das auf Sie? Verpacken Sie einfach „außergewöhnliche" Herausforderungen in Fakten. Mit dem gleichen Informationsgehalt hätte man nüchtern und faktenbezogen auch so erzählen können: *„Wir haben gerade einen internationalen Bericht abgeschlossen und den Projektverantwortlichen zeitgerecht übergeben. Im nächsten Monat wird eine weitere Veranstaltung stattfinden."*

In welcher Version klingt Ihre Leistung wertvoller?

Natürlich ist das Vertrauen in die eigenen Fähigkeiten eine Eigenschaft, die sehr oft direkt mit persönlichen Erfahrungen in der eigenen Vergangenheit verknüpft ist. Fehlt dieses Vertrauen in der Gegenwart, ist das ein Indiz dafür, dass bestimmte wichtige Erfahrungen – aus welchen Gründen auch immer – in der Vergangenheit nicht ausreichend be- und verarbeitet wurden. Selbstvertrauen wird zum Beispiel sehr stark in der Kindheit geprägt. Wurden Sie in der Schule wegen unreiner Haut oder Gewichtsproblemen gehänselt, werden Sie diese Themen immer wieder begleiten. Oder vielleicht wurden Sie innerhalb Ihrer Familie zu wenig gefördert? Wenn „gut" nie „gut genug" war, haben Sie als Jugendliche und Erwachsene vielleicht keinen „normalen" Zugang zum Lernen und Erfolg mehr.

Trotz derartiger Erfahrungen ist es möglich, Vertrauen – sowohl Vertrauen in sich selbst als auch Vertrauen in die Fähigkeiten anderer – aufzubauen und Versäumtes nachzuholen. Lassen Sie mich Ihnen dazu ein Beispiel aus der Praxis erzählen: Ich erinnere mich an eine Klientin, die ein Unternehmen gegründet hatte, doch ihr fehlte der Mut, damit auch erfolgreich zu sein. Das für Außenstehende sehr ins Auge stechende Muster: Kurz bevor sich Erfolg einstellen konnte, leistete sich die Klientin immer selbst einen „Umfaller", indem sie z.b. wichtige Termine oder Unterlagen vergaß. Wir sprachen sehr offen und ausführlich über dieses Thema und ich stellte ihr die Frage, wie denn in ihrer Familie mit dem Thema Erfolg umgegangen wurde. Es stellte sich heraus, dass ihr als Kind stets eingebläut worden war, dass sie mit ihren Noten und ihrer Lerngeschwindigkeit keinen Erfolg im Leben haben werde. Die Ursache für das Muster war gefunden.

Wie machte sich das alles im Leben der Klientin bemerkbar? Immer wenn ein finanzieller Durchbruch im Raum stand, traf sie scheinbar völlig unlogische Entscheidungen, indem sie zum Beispiel lukrative Angebote ausschlug. Oft reichten als Gründe dafür vage Stimmungswahrnehmungen. *„Ich spürte irgendwie keine gemeinsame Richtung"*, versuchte meine Klientin einmal eine derartige Entscheidung zu erklären. Ihr für mich klar erkennbares Muster lag jedenfalls auf der Hand: Sie hinterfragte jeden noch so kleinen Schritt zum Erfolg, anstatt einfach vorwärtszugehen.

Wir nahmen die Änderung dieses destruktiven Glaubenssatzes in Angriff: Unter anderem integrierten wir ein Mantra, das sich die Klientin täglich vorsagte: *„Ich darf erfolgreich sein."* Obwohl solche Tools immer etwas banal und unwirklich klingen, haben sie ein enormes Veränderungspotenzial. Sie unterstützen das Unterbewusstsein bei einer radikalen Änderung. Weiters verwendeten wir eine Checkliste, mit der jedes neue Angebot objektiv beurteilt wurde. Die persönlichen Befindlichkeiten der Klientin wurden dabei bewusst außer Acht gelassen. Durch die dadurch mögliche sachliche Herangehensweise kam die Frau ihren Zielen

Schritt für Schritt näher – auch wenn es Zeit und Geduld erforderte. Zusätzlich arbeiteten wir daran, dass sie sich tagtäglich ihrer Fähigkeiten mehr bewusst wurde und sich an diesen Zustand gewöhnte. Das half ihr dabei, wesentlich sicherer im Umgang mit Kunden zu werden.

Im Coaching-Fachchinesisch wird dieser Prozess so umschrieben: „*Der Selbstreflexion über die Ursachen folgt die Initiierung der Veränderung.*" Das klingt sehr viel einfacher, als es in der Praxis ist – und selbst diese Aussage ist noch eine gravierende Untertreibung. Wie wir alle wissen, ist Veränderung – vor allem dauerhafte Veränderung – kein leichtes Unterfangen. Es ist eine Hürde, die umso größer ist, je weniger man weiß, wie man diese Veränderung überhaupt in Angriff nehmen soll.

Ein anderes Beispiel dazu: Eine Klientin hatte enorme Schwierigkeiten damit, sich den üblichen Strukturen eines Unternehmens unterzuordnen. Sie nahm ihren Vorgesetzten nicht ernst, immer wieder waren andere schuld, wenn Projekte nicht erfolgreich waren, und statt im Team zu arbeiten, ging sie lieber ihren eigenen Weg. Sie hielt sich nicht an definierte Prozesse, weil sie diese nicht ernst nahm, obwohl sie sich bei anderen Kollegen bewährt hatten. Immer wieder fand sie einen Vorwand, warum sie nicht für die Arbeit dort geeignet war (*„Ich bin einfach die falsche Person"*, *„Ich bin unterfordert und könnte so viel mehr"*, ...). Selbst das Büro entsprach nicht ihren Vorstellungen (*„Hier ist alles so steif"*). Die Anstellung selbst war nicht das Problem. Auch zuvor in der Selbstständigkeit hatte es nicht geklappt.

Wir machten uns auf die Suche nach der Ursache: Ihr Vater hatte als Diplomat gearbeitet, wodurch die Familie viel gereist war. Die Klientin gewöhnte sich als Kind bald daran, immer nur für eine kurze Zeitspanne mit einer bestimmten Situation umgehen zu müssen. Denn es war ja ohnehin in absehbarer Zeit immer wieder anders. Sie kam sich entwurzelt vor und konnte sich daher auch nie richtig zu Hause oder angekommen fühlen. Die Ursache war relativ rasch gefunden und klar, aber das löste das Problem nicht. Veränderungen waren offensichtlich für die Klientin schwierig. Also hielten wir Ausschau nach einem Job, der ihrer früheren Lebensweise entsprach und dem sie sich in puncto Erfahrung gewachsen fühlte.

Wir definierten folgende Jobvoraussetzungen: kurze Projekte im internationalen Bereich, immer wieder neue Situationen mit einem hohen Maß an Selbstorganisation und unterschiedlichen Vorgesetzten. Obwohl es nicht einfach war, fand sie einen passenden Job in einem internationalen Unternehmen.

Was ich Ihnen mit diesem Beispiel sagen möchte: Es ist nicht immer zwingend notwendig, gegen eine Ursache anzukämpfen. Oftmals ist der effizientere Weg, sich die Ursache zunutze zu machen.

Die verschiedenen Ebenen des Erfolgs

Wenn Sie erlauben, stelle ich einmal ein wenig Struktur in den Raum, die uns hilft, eine Ausgangsbasis für unsere gedankliche Reise zu bilden. Das Modell, das ich Ihnen gleich näherbringen werde, hat für Frauen *und* Männer seine Gültigkeit. Ich verwende es gerne, um zu zeigen, dass sich Erfolg über verschiedene Ebenen definiert, die uns im Alltag meistens nicht bewusst sind. Folgende drei Hauptebenen sind aus meiner Erfahrung essenziell „Vertrauen" zu erreichen und zu erleben, und sie wirken ineinander:

Auf der *analytischen Ebene* sind die sogenannten „Tatsachen des Lebens" beheimatet. Dies sind Rahmenbedingungen, die wir uns geschaffen haben und laufend schaffen. Innerhalb dieser Bedingungen (z.B. unser Beruf, unser Arbeitgeber, unsere Position im Unternehmen, unsere Familie, ...) bestreiten wir unser Leben. Diese sichtbare Ebene steuern und bewerten wir analytisch und verstandesbezogen selbst. Hier finden sich alle Fakten und Informationen, die von unserer Umwelt und unseren Mitmenschen an uns weitergegeben werden. Entscheidungen auf dieser Ebene basieren auf äußeren Einflüssen. Auf dieser Ebene können wir Vertrauen üben und antrainieren. Sie werden sich der Ursachen Ihrer Muster bewusst und verändern Ihr Verhalten, indem Sie neue Szenarien vorab virtuell ausarbeiten und dann im realen Leben umsetzen. Nehmen wir einfach einmal an, dass Sie Probleme mit Ihrem Vorgesetzten haben, weil er Sie an eine bestimmte Situation mit einem Lehrer aus Ihrer Kindheit erinnert. Die Ursache für Ihr Problem ist Ihnen also bewusst. Aber wie geht es nun weiter? Probieren Sie einmal Folgendes: Stellen Sie sich ein zukünftiges klärendes Gespräch mit Ihrem Vorgesetzten vor. Was soll nach diesem Gespräch anders sein? Welches Ziel soll danach erreicht sein? Gehen Sie mit den Antworten auf diese beiden Fragen das Gespräch durch. Ich empfehle Klientinnen ein semi-realistisches Rollenspiel (Selbstgespräch) durchzuführen. Stellen Sie sich Ihr Gegenüber vor! Sprechen Sie Ihren Part des Gesprächs real aus und stellen Sie sich die Antworten Ihres Gegenübers vor. Auf diese Art entsteht ein Dialog.

Szenarien auf diese Weise durchzuspielen ermöglicht es Ihnen, die Angst vor Gesprächen abzubauen und Sicherheit zu gewinnen. Viele Klientinnen lernen so in einer Art „Trockentraining", sich in „alten" Situationen zu verändern. Je öfter Sie diese Methoden üben, desto schneller können Sie in vergleichbaren Situationen reagieren und somit Ihre Muster verändern. Ganz wichtig: Trauen Sie sich, diese Dialoge laut zu sprechen. Es hat einen ganz anderen Charakter und ermöglicht ein intensiveres Verinnerlichen, als wenn Sie diese „Testgespräche" nur im Kopf führen.

Die *sinnbringende Ebene* liefert Antworten auf die Frage nach dem Sinn in unserem Leben, gibt uns also das, was für den Verstand nicht „greifbar", aber teilweise sehr intensiv spürbar ist. Es sind jene Dinge, die uns anziehen oder uns das berühmte gute „Bauchgefühl" vermitteln. Oft fehlt uns Klarheit darüber, was wir eigentlich wirklich machen sollten und möchten. Dadurch können Führungs(kräfte)frauen Halt und Haltung in ihrer Position und in ihrem Leben verlieren.

Was möchte ich erreichen? An was glaube ich? Hier dreht sich sehr viel um den Sinn des Lebens. Spitzensportler, Popstars – aber auch Menschen, die karitativ tätig sind – lassen sich gerne auf diese Energie ein. *„Ich möchte eine Olympische Medaille gewinnen, weil ich den Sport als mein Leben betrachte"*, *„Ich möchte die beste Sängerin der Welt werden, weil ich die Musik so liebe"*. Diese Argumentationsketten geben Menschen Sinn und Lebensinhalt. Gleichzeitig ist die Sinnebene auch mit den Lebenswünschen und -vorstellungen verbunden. Weltreisende, Lebenskünstler oder Schriftstellerinnen lassen sich gerne auf die Frage ein, was sie in ihrem Leben ergründen wollen. Manche finden Antworten im Buddhismus, im Schamanismus, im Christentum, in der „anderen" Welt oder in vergangenen Leben. In dieser Ebene werden auch unsere Erlebnisse und Erfahrungen seit der Geburt abgespeichert. Sie liefert uns Antworten auf die Frage, warum es uns schwerfällt, uns selbst oder anderen zu vertrauen. Sie enthält unseren persönlichen Erfahrungsschatz – in positiver und negativer Hinsicht – und unsere Glaubenssätze. Diese Ebene ist gleichzusetzen mit Seele und Herz.

Die *Haltungs-Ebene* – der Körper – ist unsere größte Ressource und die beste Möglichkeit, Bodenhaftung zu erlangen oder zu erhalten. Der Körper kann sehr effizient durch den Geist (analytische Ebene) gesteuert werden. Denken Sie nur an Spitzensportler, die mit mentalem Training ihre Ziele erreichen, obwohl der Körper es vielleicht nicht schaffen würde. Gleichzeitig dient der Körper aber auch als Speicher für Geschehenes oder Erlebtes. So kann sich z.b. ein in der Kindheit erlittenes Trauma im Körper manifestieren, während es vom Geist vergessen wird. Dieses Phänomen wurde von Gerda Boyesen entdeckt. Sie entwickelte die sogenannte „Biodynamische Psychologie" und gilt als eine Pionierin der Körperpsychotherapie.

Das Körpergedächtnis versucht den Geist zu beeinflussen und umgekehrt. Sollte ein Trauma bestehen, zeigt sich das auch in einer veränderten Körperhaltung. Ich bemerkte dieses Phänomen besonders deutlich an einer Klientin, die zu mir ins Büro kam. Schon bei der ersten Begrüßung sah ich, dass sie eine enorme Last mit sich herumträgt: Ihr Rücken war nach vorne gebeugt, die Schulter hingen nach vorne und der Kopf war – wie bei einer Schildkröte – nach vorne gezogen. Die Probleme waren einerseits der Job, der keinen Spaß mehr machte, und andererseits ein „altes" Thema aus ihrer Kindheit. Ist eine Last im wahrsten Sinn des Wortes zu groß, kann man Schwierigkeiten haben, den Körper aufrechtzuhalten. In so einem Fall ist auch Vertrauen in sich selbst und in andere nur schwer möglich. Diese Haltungsprobleme können mit Entspannungstechniken und Verständnis für die eigene Seele bearbeitet werden. Dabei zeigt uns diese Ebene das Vorhandensein von Situationen und Belastungen, die zum gegenwärtigen Zeitpunkt vom Geist nicht bewusst erfasst sind.

Diese drei Ebenen sind uns allen in ihren Grundzügen wohlbekannt. Und dennoch sitzen mir sehr oft in Coaching- und Beratungsgesprächen Frauen gegenüber, die sich ausgiebig mit diesen Aspekten beschäftigt haben und trotzdem darüber klagen, so wenig glücklich/erfüllt/ermutigt wie zuvor zu sein. *„Ich war in zig Therapien, bin so unglaublich reflektiert und offen wie nie zuvor – und trotzdem komme ich nicht weiter"*, ist eine typische Aussage in diesen Situationen. Wissen alleine ist offensichtlich nicht ausreichend.

Meine Theorie dazu: Uns Frauen fehlen oft der Wille zur Veränderung und der Mut zur Überwindung von Selbstzweifeln – ein Unterschied zu Männern, die Größenwahn und Durchsetzungswillen scheinbar in die Wiege gelegt bekommen. Wir grübeln und analysieren sehr viel und verstricken uns dadurch in Kleinigkeiten. Männer hingegen lassen auch mal fünf gerade sein und haben kein Problem damit, ein „Problem" mitzuschleppen. Entweder löst es sich von selbst oder sie lösen es dann, wenn es ihnen wirklich Probleme macht.

Weniger überzeichnet formuliert: Männer haben anscheinend oft weniger Probleme, die Balance auf diesen drei Hauptebenen zu halten, da sie sehr stark auf der analytischen und körperlichen Ebene zu Hause sind. Die Sinn-Ebene ist in den letzten Jahren auch im männlichen Management wichtiger geworden. Immer mehr erfolgreiche Menschen steigen aus bestehenden Systemen aus, um ihren Sinn in ihrer Arbeit und ihrem Tun zu finden.

Auch folgendes Praxisbeispiel führte mir die Wichtigkeit einer gesunden Bodenhaftung gut vor Augen: Einem erfolgreichen Manager dämmerte mit 35 Jahren, dass das Leben mehr für ihn bereithält, als 365 Tage im Jahr beruflich unterwegs zu sein. Er ging – im wahrsten Sinn des Wortes – „in sich" und durchlief eine Vielzahl von Veränderungsprozessen. Während dieses Prozesses stellte er sich unter anderem folgende Fragen: *„Was will ich wirklich?"*, *„Was wird von mir als Familienvater, Ehemann und Sohn erwartet?"*, *„Wem muss oder will ich gerecht werden?"*, *„Was sollen meine Kinder einmal von mir denken?"*, *„Auf was will ich*

*im Leben stolz sein?", "Worauf will ich an meinem Lebens-
ende stolz zurückblicken?", "Was macht mich glücklich?",
"Was engt mich ein?", "Muss ich viel Geld besitzen oder
kann ich mit dem, was ich habe, gut leben?", "Wie viel Freiheit steht mir zu?", "Wie kann ich mich im Alltag verwirklichen und wie in meiner Freizeit?"*

Der krönende Abschluss dieser Entwicklung: Er machte sich frei vom Job und reiste sechs Monate lang durch
die Welt. Dabei erstellte er sich einen Plan, um sich seinen
Wünschen und Vorstellungen möglichst exakt anzunähern.
Am Ende dieser Erfahrung kehrte er zurück und fand erneut einen exzellenten Job, der so ziemlich dem Ideal entsprach, das er in dem halben Jahr zuvor für sich definiert
hatte.

Frauen, die eine Sinnkrise zum Ausstieg bewegt oder die
eine Karenzzeit nützen, um über ihren weiteren Weg nachzudenken, finden im Gegensatz dazu nicht so leicht wieder zurück in den Alltag. Oft nützen sie die Karenz als eine Chance, wenn sie mit dem Job unzufrieden sind. *"Ich will jetzt
ein Baby, da ich ohnehin nicht mehr so glücklich in meinen Job bin."* Sie überlegen vor ihrem Ausstieg nicht, warum
sie eigentlich aussteigen wollen und was der Grund für
die persönliche Jobkrise war. Überspitzt formuliert: Frau-
en machen sich keinen Plan und haben meist keinen Zeit-
horizont. Gleichzeitig ist ihnen inmitten der Sinnkrise gar
nicht bewusst, was eine Krise überhaupt ist. Frauen wollen
nach einer solchen Erfahrung keine Kompromisse mehr in
ihrem Leben eingehen. Am Ende dieses Prozesses hat sich
für viele Frauen – als einzige Option – der zu 100% perfekte Job mit den idealen Vorraussetzungen zu ergeben. Ein
großer Vorsatz, der in der heutigen Zeit nicht immer zu erreichen ist. Was passiert dann? Frauen nehmen notgedrungen doch wieder schlecht bezahlte Jobs mit halbwegs befrie-
digendem Inhalt an. Ein klassisches Beispiel: die ehemalige

Topmanagerin aus einem Industrieunternehmen, die nach ihrer Selbstfindungsphase bei einem chaotischen Non-Profit-Unternehmen anheuert, dort bescheiden entlohnt wird und sich überdies noch völlig fehl am Platz fühlt. Ein paar weitere Beispiele gefällig? Wie wäre es mit der ehemals selbstständigen Unternehmerin, die ehrenamtlich die Leitung des Kindervereins ihrer Tochter übernimmt. Oder die Musikerin, die von ihrem Lebensgefährten lebt, weil sie „ihren Weg noch nicht gefunden hat".

Sie sehen: Es gilt, auf das Gleichgewicht zu achten. Ohne Gleichgewicht kann jeder schnell in eine Sinnkrise rutschen. Der nächste Schritt ist dann in vielen Fällen eine scheinbar chronische Erfolglosigkeit und seelische Leere.

Was erfolgreiche Menschen auszeichnet

Schauen wir uns doch einmal kurz an, wie erfolgreiche Menschen erfolgreich geworden sind – und wie sie erfolgreich bleiben: Spitzensportler eignen sich als gutes Beispiel, weil ihre Erfolge zähl-, mess- und vergleichbar sind.

Wenn man sich als Sportler in der Weltklasse behaupten will, kommt man alleine mit Talent, guten Genen und Disziplin schon lange nicht mehr weit. Ohne Management, Mentaltrainerin und Ernährungsexperten läuft sowohl bei Einzelathleten als auch bei Mannschaftssportlerinnen nicht mehr viel. Genau diese drei Bereiche decken sich mit unseren drei Ebenen: Strategie, mentale Balance und körperliche Gesundheit sind Erfolgsgaranten. Die richtige Balance bringt die Dinge ins Lot.

In diesem Punkt unterscheiden sich Spitzensportlerinnen kaum von Führungskräften oder Unternehmerinnen – auch wenn man diesen direkten Vergleich selten beachtet, weil es sich scheinbar um zwei völlig verschiedene Welten handelt.

In meinen Coachings gibt es eine simple Frage, die auf direktem Wege zum Gleich- oder Ungleichgewicht der drei Ebenen führt:

„Warum sind Sie Führungskraft?" – Diese Frage stelle ich jeder Führungsfrau, die mir gegenübersitzt. Eine Antwort höre ich dabei sehr selten bis nie: *„Weil ich führen will."* Die meisten weiblichen Führungskräfte erzählen mir, dass sie eigentlich nie dorthin wollten, wo sie jetzt sind, sondern *„irgendwie in dieser Position gelandet"* und alles anderen als glücklich damit sind. Viele haben das Gefühl, nicht 100%ig führen zu können, weil sie noch immer mit zu viel Operativem betraut sind.

Dieses Phänomen betrifft übrigens nicht nur Frauen, sondern auch Männer. Männer gehen jedoch ganz anders damit um. Eine Frau, die in einer Führungsposition gelandet ist, besticht in der Regel durch Bescheidenheit. Ihr Weg in diese Position spielt in ihren Ausführungen kaum eine Rolle. Frauen erklären sich nicht und legen auch keine Fakten auf den Tisch. Sie schweigen und genießen. Frauen sehen sich eher als Teammitglied und nicht in der klassischen Führungsrolle. Eine typische weibliche Aussage ist: *„Wissen Sie, ich sehe mich eher als zentraler Bestandteil des Teams. Wir besprechen hier alles auf einer Augenhöhe und meine Tür steht für alle offen. Ich führe zwar den Titel einer Führungskraft, aber in der Realität sind wir alle gleich."*

Treffe ich hingegen auf einen Mann, der die Karriereleiter erfolgreich erklommen hat, reagiert dieser meist ganz anders: *„Meine Mitarbeiter wollen jetzt so viel von mir. Ich sage Ihnen ehrlich: Ich komme gar nicht mehr zu meiner täglichen operativen Arbeit. Gleichzeitig haben meine Leute plötzlich Probleme mit meiner neuen Position, da ich ja jetzt nicht mehr alles teilen kann und darf. Aber ich schaffe* *das schon. Ich muss nur klarmachen, welche Regeln in meinem Team gelten. Wir müssen ja Vorgaben erreichen und von oben verlangt man klare Maßnahmen von mir. Das ist natürlich nicht so einfach, weil man als Führungskraft ein wenig einsam wird. Früher konnte ich alles teilen – jetzt muss ich viel mit mir alleine ausmachen."*

Merken Sie den Unterschied? Hier gibt es zwei völlig unterschiedliche Herangehensweisen an die Führungsrolle. Frauen suchen den gemeinsamen Austausch und stellen sich nicht gerne über andere. Männer hingegen akzeptieren die Führungsrolle und nehmen den „einsamen" Weg. Beide Ansätze haben ihre Vor- und Nachteile. Frauen haben in der Regel das „große Ganze" im Blickfeld, bekommen aber bei wichtigen Entscheidungen, bei denen das Wohl des Unternehmens mehr Gewicht haben muss als das individuelle Wohl von Teammitgliedern, Probleme. Frauen tun sich immens schwer dabei, gegen Menschen zu entscheiden. Männer hingegen suchen gerne risikoreiche Entscheidungen, die sie alleine treffen, ohne vorher die realistische Umsetzungsmöglichkeit im Team zu überprüfen. Sie gehen ihren Weg, ohne nach links und rechts zu sehen, und können dadurch besser Entscheidungen im Sinn des Unternehmens treffen.

Die Vontobel-Studie von 2011 kommt aufgrund dieser Unterschiede zu dem Schluss, dass Frauen in Unternehmen nachhaltiger agieren.

Und wann führen Sie eigentlich?

In vielen Unternehmen wird Führung unglücklicherweise immer noch als „Zusatzaufgabe" gesehen – und nicht als „Haupttätigkeit". Die Faustregel, dass Führungskräfte 70% ihrer Zeit führen und 30% mit operativen Dingen beschäftigt sein sollen, kostet weiblichen wie auch männlichen Führungskräften oft nur einen Seufzer. Natürlich hat das oft mit den Strukturen des jeweiligen Unternehmens zu tun. Doch selbst dort haben männliche Kollegen meistens weitaus weniger Schwierigkeiten, sich den nötigen Raum durch entsprechendes Delegieren zu verschaffen. Die Selbsterkenntnis bei vielen weiblichen Führungskräften: *„Ich will Kontrolle, kann anderen nur schwer vertrauen und habe dadurch wirklich große Schwierigkeiten, Dinge abzugeben."*

Dazu fällt mir ein Beispiel aus der Praxis ein: Ich leitete einen Teamentwicklungsprozess. Mit dabei: die Teamleiterin – eine äußerst charismatische Frau. Im Rahmen der Workshops wurden Herausforderungen und Situationen aus dem alltäglichen Business behandelt. Unter anderem sollte ein Weg gefunden werden, die Prozesse effizienter zu gestalten. Durch die gemeinsame Arbeit an dem Thema zeigte sich, dass die Teamleiterin an einem Kontrollzwang litt, der selbst für mich als erfahrene Workshopleiterin außergewöhnlich – um nicht zu sagen: beängstigend – war. Die Mitarbeiter hatten sich zu einer täglichen morgendlichen Sitzung einzufinden, bei der jeder einen Report über den vergangenen und den bevorstehenden Tag liefern musste. Sämtliche Entscheidungen wurden von der Teamleiterin getroffen – egal ob es sich um die Bestellung von Büromaterial handelte oder um die Frage, welcher Seminarraum für die nächste Sitzung gebucht werden sollte. Sie gab Projektfristen und Arbeitsweisen vor – nach Maßstäben, die ihrer eigenen Arbeits- und Vorgehensweise entsprachen. Für die Mitarbeiter gab es kaum Freiräume in der täglichen Arbeit. Niemand durfte selbstständig Verantwortung oder Initiative übernehmen. Die Teammitglieder fühlten sich bevormundet und in ihrer Arbeitsweise eingeschränkt. Entsprechend hoch war die Fluktuation in der Abteilung. Jene Mitarbeiter, die sich mit der Situation arrangiert hatten, erledigten leidenschaftslos und abgestumpft ihre Tätigkeiten. Neue Mitarbeiter gingen nach zwei Wochen wieder, weil das, was ihnen vorab versprochen worden war, mit der Realität nichts zu tun hatte. Kreativität und selbstständiges Agieren waren in dieser Abteilung nicht erwünscht.

Auch wenn das Ausmaß in diesem Fall extrem war: Selten ist ein derartiges Führungszwangsverhalten nicht. Ich bin vielen Führungsfrauen begegnet, die so agierten. Meine Theorie: Frauen greifen viel öfter auf das Instrument „Kontrolle" zurück als Männer – nicht nur in der Führung von Menschen und Teams, sondern auch innerhalb der Familie oder in Beziehungen.

Aber warum verspüren Frauen so einen starken Drang dazu, immer alles organisieren zu müssen? Wahrscheinlich aufgrund ihrer evolutionstechnischen Aufgaben. Frauen hatten die Familie in ihrer Obhut und sammelten Nahrung, während die Männer den Fokus auf die Jagd und auf das eigene Überleben im Kampf legten. Diese Rollenverteilung scheint noch heute in uns zu schlummern. Dieser Unterschied aus der Perspektive der Evolution steht uns dabei manchmal im Weg, weil wir uns unsere Fähigkeiten nicht nur positiv zunutze machen. Der Spruch „*Werde mal ein wenig lockerer*" wird oft von Männern an die Adresse von Frauen verwendet.

Warum fällt gerade Frauen die Lockerheit so immens schwer? Hier sind immer noch die Rollenbilder der vergangenen Generationen spürbar, deren Echos sehr intensiv wirken. Auch wenn wir es oft nicht wahrhaben wollen: Was Mädchen und heranwachsende Frauen im 21. Jahrhundert an Erwartungen und Normen übernehmen, unterscheidet sich nicht wesentlich von dem, was unsere Mütter und Großmütter als Lebensmaxime mit auf den Weg bekamen: brav sein, alles richtig machen, alles sauber halten und auf das Geld schauen. Meine 92-jährige Großmutter wurde so auf ihre Rolle im Leben vorbereitet. Und wenn wir uns nicht selbst in die eigene Tasche lügen, sehen wir, dass sich das weitaus weniger stark geändert hat, als wir das gerne hätten – auch wenn der Blutdruck von aktiven Mitgliedern der Frauenbewegung angesichts so einer Aussage deutlich in die Höhe schnellen dürfte.

Mir hat vor Kurzem eine Headhunterin erzählt, dass der Anteil der Frauen die Führungspositionen hatten und am Markt zur Verfügung gestanden haben, rückläufig ist und Frauen keine Lust mehr haben, Führung zu übernehmen. Sehr gut ausgebildete Frauen entscheiden sich mehr und mehr dafür, zu Hause zu bleiben oder in schlecht bezahlten Jobs zu arbeiten.

Das bestätigt meine eigenen Beobachtungen. Wenn ich die Frauen frage, warum sie diese Entscheidung treffen, höre ich meist Antworten wie: *„Ich beuge mich dem gesellschaftlichen Druck"*, oder *„Ich habe so viel gearbeitet, jetzt gönne ich mir eine Auszeit"*. Natürlich begeben sich diese Frauen in Abhängigkeit ihrer Männer und verlieren ihre Entscheidungsfreiheiten. Einem großen Prozentsatz der Frauen geht es so. Einige haben damit kein Problem, aber andere wiederum schon. Im Grunde ist das manchmal ganz schön egoistisch von Frauen. Männer haben in unserer heutigen Gesellschaft nur schwer die Chance zu sagen, ich nehme mir jetzt einmal mit dem Kind eine Auszeit. Meist wollen das Frauen auch nicht. Warum klappt es in anderen Ländern, dass Frauen nach drei Monaten wieder arbeiten gehen und nicht als Rabenmütter angesehen werden? Holland ist da ein Land mit gutem Vorbild, wobei es dort natürlich genügend Kinderbetreuungsplätze gibt. Warum ist es für Frauen in anderen Ländern ganz normal, dass ihre Kinder mit anderen Kindern groß werden? Warum wachsen Kinder hierzulande in den ersten zwei bis drei Jahren mit Erwachsenen auf anstatt mit anderen Kindern? Eine Allianz-Studie zeigt auf, dass von zehn Frauen neun Führung übernehmen wollen. Hindernisse sind zu einem hohen Prozentsatz Familie und Kinder. Frauen legen mehr Wert auf das Heim und die Balance zwischen Beruf und Familie. Leider haben wir in einigen europäischen Ländern noch nicht die Wahlfreiheit zwischen dem Zuhausebleiben oder dem Arbeitengehen, da es für Kinder zwischen drei Monaten und zwei Jahren fast keine Kinderbetreuungsplätze gibt. Wir sind entweder selbst dafür zuständig, etwas zu organisieren, oder bleiben zu Hause.

Es gibt natürlich auch Frauen, die in Führungspositionen waren und dort nicht mehr sein wollen. Aber aus meiner Beobachtung ist der Prozentsatz ziemlich gleich hoch zu jenem der Männer. Führung ist anstrengend und zusätzlich hat man es als Frau immer noch nicht einfach in so einer Position. Es gibt Unternehmen, in denen es in der Führungsebene vier Männer und eine Frau gibt. Sich in einer männerdominierten Welt „durchzukämpfen" ist auch aus meiner eigenen Erfahrung nicht leicht. Aber Führung zu übernehmen kann auch Spaß machen. Ich sage immer: Probieren Sie es aus. Falls es nicht Ihres ist, können Sie es ja wieder ändern. Aber schon im Vorhinein Nein zu sagen ist aus meiner Sicht eine schnelle und unüberlegte Vorgehensweise. Und natürlich gibt es wahrscheinlich genauso viele Männer wie Frauen, die ungeeignete Führungskräfte sind, aber Männern ist das im Durchschnitt egal. Sie wollen trotzdem aufsteigen und machen es auch.

Wenn Frauen von der Gesellschaft nicht mehr Kinderbetreuungsplätze einfordern, sondern die ersten zwei Jahre zu Hause bleiben, wird es in der Zukunft wenig Veränderung geben. Im Gegenteil, wir gehen rückwärts. Ich finde, Frauen haben nicht das 100%ige Recht (außer natürlich, es entscheiden sich beide Partner im klaren Bewusstsein aller Konsequenzen dafür), einfach so bei den

Kindern zu Hause zu bleiben. Es gibt bessere Möglichkeiten. Eine geteilte Karenzzeit zum Beispiel fördert auch die Bindung zum Vater und Kinder erleben ein gleichwertiges Verhalten zwischen Mann und Frau. Väter können genauso gut erziehen. Oder es übernehmen andere Betreuungspersonen. Holland, Schweden, Frankreich, Dänemark, ... machen es vor. Die Einstellung der Frauen ist dort weit offener und selbstbestimmter. Sie wollen arbeiten, um ihre Freiheit nicht zu verlieren. In meiner Zeit in Holland habe ich sehr oft mit Frauen gesprochen und jede dieser Frauen hat mich mit offenem Mund betrachtet. Sie waren entsetzt, wie wir damit umgehen. Diese Frauen hatten vier Kinder und eine leitende Funktion. Es ist ganz normal, nach drei Monaten die Kinder zur Tagesmutter zu bringen. Männer und Frauen sind in Holland gleichberechtigter und beide sind für die Erziehung der Kinder zuständig. Es herrscht allgemein, was Haushalt, Kinder und Verdienst betrifft, mehr Balance bei den „Zuständigkeiten". Die Aussage einer Frau lautete: *„Ich bin durch meinen Job und meine Aufgabe viel ausgeglichener meinen Kindern und meinem Mann gegenüber. Wir reden über unsere täglichen Herausforderungen und auch über die Kinder. Die Kinder sind ein Teil von unserem Leben, aber nicht der Hauptteil. Jeder darf sich selber treu bleiben. Das ist mir und meinem Mann sehr wichtig."*

Die typisch deutschen und österreichischen Muster und Vorstellungen von Frauen sind nach wie vor präsent, stecken tief in uns und werden durch Werbung und Darstellung in der Öffentlichkeit laufend genährt. Die perfekt gestylte Frau, die gut aussieht, gleichzeitig Mutter von zwei Kindern ist, die perfekte Wohnung auf Trab hält und modisch gekleidet und erfolgreich ist: Diese Bilder zeigen uns, was wir nicht alles auf die Reihe kriegen sollten, um „normal" zu sein. Und was machen wir? Wir glauben auch noch daran, dass das tatsächlich machbar ist, und brechen unter dem selbstauferlegten Druck zusammen. Diese Muster stehen Frauen oft unbewusst im Weg.

Doch diese Muster sind nicht für die Ewigkeit. Man kann sie durchbrechen und verändern – allerdings erst dann, wenn einem die eigenen Muster bewusst sind und man in der Lage ist, Handlungsfelder zu erkennen und zu gestalten.

Eine gute Frage, um die eigenen Muster zu erkennen, ist übrigens zum Beispiel folgende: *„Was würde eine Mitarbeiterin über mich als Führungskraft sagen?"* Eine Klientin gab mir einmal eine sehr ehrliche und offene Antwort: *„Sie würde sagen: Meine Chefin tut sich schwer damit, uns einen Auftrag zu geben und uns daran arbeiten zu lassen. Sie kontrolliert immer wieder, ob wir die Aufgabe so in Angriff nehmen, wie sie es tun würde, und ich fühle mich durch sie ständig kontrolliert. Ich kann ihr aber nicht böse sein, weil sie immer so nett ist und auch immer wieder fragt, wie es bei mir zu Hause läuft. Wir sind so ein gutes Team und ich will das durch ein kritisches Feedback bezüglich ihres Führungsstils nicht zerstören."*

Diese sehr klare Selbsteinschätzung steht hier stellvertretend für das Empfinden vieler weiblicher Führungskräfte. Harmoniebedürfnis, große Einsatzbereitschaft und große Schwierigkeiten, zu vertrauen und Dinge abzugeben, prägen den weiblichen Führungsstil. Überlegen Sie auch manchmal, ob es nicht einfacher wäre, öfter zu delegieren und zu vertrauen? Ein Patentrezept dafür gibt es aus meiner Sicht nicht, weil dieses Verhalten sehr verschiedene, individuelle Hintergründe haben kann.

Aber folgende Frage hilft dabei, dieses Phänomen aus einer objektiven Warte zu sehen: Überlegen Sie, ob Sie von Ihrem Vorgesetzten so behandelt werden möchten, wie Sie Ihre Mitarbeiter behandeln. Ist Kontrolle wirklich der geeignete Weg, um ans Ziel zu kommen? Beobachten Sie Kol-

legen, die weniger Kontrolle ausüben, und lernen Sie davon.
Weniger ist oft mehr.

Was bewerten Frauen als „Erfolg"?

Zwei meiner Lieblingsfragen in den Vorstellungsrunden meiner Lehrgänge für Frauen sind folgende: „*Was war Ihr größter bisheriger Erfolg?*", und danach: „*Was war Ihr größter bisheriger Flop?*"

Es ist schon bemerkenswert, was hier im Gegensatz zu Männerrunden immer wieder passiert: Als „Erfolg" nennen Frauen selten materielle Errungenschaften oder das Erreichen bestimmter Positionen. Stattdessen fallen Aussagen wie diese: „*Ich wurde von meinen Kolleginnen akzeptiert und ich konnte meine Führungsaufgabe gut bewältigen*", oder „*Meine Kinder sind glücklich, obwohl ich sehr viel Zeit in der Arbeit verbringe*". Es werden also durchwegs idealistische Erfolge genannt. Denn: Über die „anderen" Erfolge spricht frau ja nicht.

Männer hingegen sprechen über Projekte, die sie erfolgreich abgeschlossen haben, neue Aufträge, die sie ergattern konnten, über die klugen Argumente, die ihnen das größte Firmenauto der Abteilung verschafft haben, oder die Verantwortung, die sie innehaben. Männer verkaufen sich mit diesen Argumenten natürlich um einiges besser als Frauen, denn Zuhörer gehen automatisch davon aus, dass hinter all diesen Erfolgen harte Arbeit steckt. Frauen sollten sich daran ein Beispiel nehmen und ihre beruflichen Erfolge öfter erwähnen. Nur dann ermöglicht man es anderen, das eigene Potenzial zu erkennen.

Und auch beim Abfragen der Flops sind Frauen durchwegs unglaublich: Die Zahl an eigenen Misserfolgen, die

Teilnehmerinnen der Runde spontan in den Sinn kommt, geht meistens in die Dutzende.

Meine Erfahrungen aus diesen Gesprächsrunden auf den Punkt gebracht:

- Männer *vertrauen* eher ihrem Können, ihrer Position und ihrem Weg.
- Frauen *hinterfragen* eher ihr Können, ihre Position und ihren Weg.

Viele Frauen hindert das fehlende Vertrauen in die eigenen Fähigkeiten an einem erfüllenden Weiterkommen. Das ständige Zurückblicken lässt sie auf der Stelle treten und aufgrund der kritischen Haltung sich selbst gegenüber sogar Erfolge nicht als solche erkennen. In meinen Coachings begleite ich Frauen beim „Innehalten" – also bei der Bewusstwerdung, was sie bisher schon erreicht haben und wo sie gerade stehen. Um kritisch zu hinterfragen, lasse ich mir den Lebenslauf eines männlichen Konkurrenten im Unternehmen erzählen und stelle dem dann den Lebenslauf der Klientin im direkten Vergleich gegenüber. Meist sind die Frauen sehr viel besser ausgebildet. Dieser Kniff mit der Gegenüberstellung kommt aber nur dann zum Einsatz, wenn die Reflexion der eigenen Errungenschaften nicht gefruchtet hat. Im Berufsleben geht es auch nicht darum, alles zu können. Es ist lediglich wichtig, das gut zu beherrschen, was für die Rolle und Position wichtig ist. Wenn Sie sich unsicher sind, stellen Sie sich folgende Frage: *„Bin ich die Beste für meinen Job oder könnte ich noch mehr erreichen oder andere Aufgaben mit meinem Können meistern?"*

Es gibt dazu eine wirklich wichtige Empfehlung von meiner Seite: Üben Sie die Beseitigung des fehlenden Vertrauens in sich selbst, indem Sie sich täglich bewusst werden, was Sie können und was nicht. Wo stehen Sie? Denken Sie jeden Abend darüber nach, was im Laufe des Tages exzellent gelaufen ist. Sie sollten mindestens fünf Punkte finden. Denken Sie anschließend über eine Sache nach, die Sie verbessern können. In der Früh überlegen Sie sich, was Sie heute anders machen möchten und auf was Sie sich ganz besonders freuen. Machen Sie das einen Monat lang sehr bewusst! Sie werden bemerken, dass es danach ganz von selbst geht. Sie automatisieren Ihr Denken. Falls Sie zu einem späteren Zeitpunkt wieder mehr an sich zweifeln sollten, starten Sie diese Übungen wieder sehr bewusst. Sie werden einen deutlichen Unterschied in Ihrer inneren Haltung bemerken.

Das Vertrauen in sich selbst ist für Frauen nicht immer einfach – aber langfristig gesehen notwendig, um vorherrschende Muster zu durchbrechen und als Mensch und als Führungskraft „weiterzukommen". Beobachten Sie nur, wie intensiv ihre männlichen Kollegen über ihre Erfolge sprechen und damit prahlen! Männer haben in der Regel ein gesünderes Selbstwertsystem. Es ist Geschmacksache, wie weit jemand dabei gehen kann, ohne als Narziss zu erscheinen. Aber im Grunde können Sie von solchen Menschen sehr viel lernen. Und keine Angst: Zwischen dem mangelnden Vertrauen in sich selbst und Narzissmuss ist ein sehr breiter Weg. Warum ich das erwähne? Eine Klientin hatte genau diese Angst: *„Ich will nicht so werden wie meine Kollegen, die sich wie eitle Gockel mit ihren Erfolgen brüsten und darum streiten, wer besser ist."* Mein Tipp: Beobachten und lernen Sie von solchen Menschen! Hier sehen Sie Selbstvertrauen in höchster Konzentration. Eignen Sie sich nur ein Stückchen davon an und Sie haben Ihre nächste Gehaltserhöhung praktisch in der Tasche.

Vertrauen ist Vertrauenssache

Neben dem Selbstvertrauen ist auch das Vertrauen in andere ein wichtiger Faktor, der Sie tagtäglich begleitet. Vertrauen wirkt in der Wirtschaft und zwischen Menschen als eine Art „Fensterkitt", der sich meistens dann problematisch zeigt, wenn sein Fehlen spürbar wird. Die folgenden Absätze werden Ihnen nicht nur dabei helfen, Vertrauen auf die eigene Person bezogen zu verstehen, sondern es als wichtigen Bestandteil von Märkten, Unternehmen, Teams und Beziehungen zwischen Menschen zu erkennen.

Ohne Vertrauen geht in der Wirtschaft wenig. Doch was „Vertrauen" explizit bedeutet – da scheiden sich schnell die Geister. Es gibt keine einheitliche Vertrauenstheorie in der Wirtschaft – und dadurch auch keine klar definierte gemeinsame Realität zu diesem Begriff.

Transaktionen spielen in der Ökonomie eine zentrale Rolle. Der Einkauf eines begehrten Produktes bei einem Händler bringt im Idealfall dem Käufer und dem Händler einen Vorteil. Grundbedingung für eine erfolgreiche Transaktion sind also zwei Personen, die einander ausreichendes Vertrauen in die zu erwartende Gegenleistung vorstrecken. Der Händler vertraut, dass der Kunde den ausgeschriebenen Preis zahlt. Der Kunde vertraut darauf, dass das Produkt die versprochenen bzw. zugesicherten Eigenschaften besitzt.

Natürlich kann dieses Vertrauen auch enttäuscht werden, was auf der Seite des Kunden zu einer Reklamation führt und für den Händler Aufwand bzw. Kosten verursacht. Aber in der Regel hinterlässt eine Transaktion einen glücklichen Kunden, der sich über einen großen Nutzen freut. Das Vertrauen in den zu erwartenden Nutzen ist bei Transaktionen dadurch meistens ausgeprägter als das Misstrauen in eventuelles unrechtes Handeln.

Je stärker dieses Vertrauen ausgeprägt ist, desto einfacher

ist es, Partner zu gewinnen und bessere Marktkonditionen zu erzielen. Besonders deutlich wird dies an den Kapitalmärkten. In Abhängigkeit von dem Vertrauen in die Bonität der Emittenten von Wertpapieren werden an den Märkten unterschiedlich hohe Risikoprämien gefordert. Aus diesem Grund liegt es seit jeher im Interesse der Wirtschaftsakteure, ihr Vertrauen zueinander zu erhöhen bzw. einen hohen Vertrauensgrad langfristig zu halten.

Ein wesentliches vertrauensstiftendes Element sind funktionierende etablierte Institutionen (z.b. Gerichte, Handelskammern, Normungsinstitute) und der Rechtsstaat als übergeordnetes Konstrukt. Nur mittels dieser Institutionen ist es Wirtschaftsteilnehmern möglich, einem möglichen Vertrauensbruch anderer angemessene Konsequenzen folgen zu lassen. Diese Sanktionsmöglichkeit erhöht zwar das nötige Vertrauen in die Abwicklung von Transaktionen, verlangt den Wirtschaftsakteuren aber gleichzeit das Vertrauen in ein Funktionieren dieser Institutionen – also einen Vertrauensvorschuss – ab.

Ein wesentlicher Faktor für den Aufbau von Vertrauen ist die Informationsverteilung. So kennt der Produzent oder Händler eines Produkts dessen Mängel, der Käufer aber nicht. Will ein Produzent oder Händler seine Vertrauenswürdigkeit erhöhen, werden oft externe Prüfinstitutionen ins Spiel gebracht. So erhöht sich z.b. das Vertrauen des Gebrauchtwagenkäufers in die Seriosität eines Autohauses deutlich, wenn ein aktuelles TÜV-Gutachten vorliegt. Weitere typische Fälle solcher externen Prüfungen sind Ratings von Wertpapieren oder Kreditnehmern.

In besonderem Maße sind Kreditinstitute von Vertrauen abhängig. Nicht zufällig stammt der Begriff „Kredit" vom lateinischen credere (= glauben) ab. Der Kreditgeber vertraut darauf, dass der Kreditnehmer den Kredit zurückzahlen wird. Daher ist es für die Banken unerlässlich, bei den

Einlegern ein möglichst hohes Vertrauen zu gewinnen und zu behalten. Vergleichbares gilt für Versicherungen: Ähnlich wie im Bankenbereich spielt hier die ausreichende Ausstattung mit Eigenkapital eine zentrale Rolle, um das nötige Kundenvertrauen in die Unternehmensbonität zu erhalten. So gut wie jede Marketingaktivität dient dem primären Ziel, das Vertrauen in ein Produkt oder Angebot zu erhöhen und zu festigen.

Bei Produktentscheidungen haben die sogenannten „Vertrauenseigenschaften" einen maßgeblichen Einfluss, bei der Preisfindung das „Preisvertrauen". In der Distribution entscheidet das Ausmaß des Vertrauens über die Absatzwege und somit den Erfolg eines Produktes. Ein erschwerender Faktor: Die Kommunikationspolitik muss vertrauensmäßig gegen heftigen Gegenwind ankämpfen. Denn das Vertrauen in die Aussagen der Werbung stagniert seit längerer Zeit auf bescheidenem Niveau.

Auch im Markenmanagement geht nichts ohne Vertrauen: Das sogenannte „Markenvertrauen" ist eine der wesentlichsten Einflussgrößen auf die Kundenloyalität bzw. Markentreue. Eine Vielzahl an einschlägigen empirischen Studien hat die signifikanten Zusammenhänge zwischen Vertrauen und Kundentreue immer wieder aufs Neue bewiesen.

Fazit: Ohne Vertrauen kann man sein „Produkt" als Unternehmerin oder Führungskraft nicht an den Kunden verkaufen. Oder im Klartext: ohne Vertrauen kein Erfolg.

Betrachtet man die meist in Hochglanz gehaltenen Broschüren über Leitbilder und Mission Statements von Unternehmen, wird man von glühenden Vertrauensbekenntnissen geradezu erschlagen. Für die Phrasen von „Mitarbeiterinnen und Mitarbeitern als höchstem Gut" und „offenem, vertrauensvollem Umgang miteinander" gilt leider mittlerweile das Gleiche wie für die Werbung: Sie werden als irgendwie notwendige, aber in der Praxis selten gelebte Superlative wahrgenommen – sogar von jenen, die diese Bekenntnisse im Unternehmensalltag eigentlich vorleben und etablieren sollten. Dabei wäre eine von gegenseitigem Vertrauen geprägte Unternehmenskultur ein enorm wirkungsvolles Tool, um Mitarbeiter an ein Unternehmen zu binden bzw. neue Mitarbeiter anzuziehen, die sich nach solchen Arbeitsbedingungen sehnen. Doch wenn das alles so einfach wäre, würde die Praxis wohl ganz anders aussehen. Dann wäre kein Personalmarketing nötig, es gäbe keine inhaltslosen Leitbilder und keine Zeiterfassungsgeräte – um den Gedanken auf die Spitze zu treiben. In Teams gäbe es weniger Kontrolle und mehr Selbstregulierung. Die Realität ist hingegen: Unternehmensformen, in denen „ein hohes Maß an gelebtem Vertrauen" mehr ist als nur eine hohle Phrase, muss man mit der Lupe suchen.

Warum fällt es in der Praxis so schwer, innerhalb eines Unternehmens oder eines Teams dauerhaftes Vertrauen aufzubauen? Und wer ist verantwortlich für das Gelingen? Da Vertrauen – wie wir inzwischen wissen – aus einem ausgeglichenen Verhältnis von Geben und Nehmen erwächst, greift hier ein Top-down-verordneter Prozess nur bedingt. Vertrauen kann vorgelebt werden, aber es lässt sich nicht einfordern. Es ist ein Prozess, dessen Erfolg vor allem davon abhängt, wie die Beteiligten auf Misserfolge reagieren: Wird das Vertrauen enttäuscht und man reagiert darauf, indem man selbst nicht mehr vertraut oder vertrauen kann, ist das Scheitern abzusehen. Ein Beispiel: Wenn eine Mitarbeiterin einen Fehler macht, gibt es verschiedene Möglichkeiten, darauf zu reagieren. Wenn Sie darauf aus sein sollten, das Vertrauen zu minimieren, sagen Sie am besten Folgendes: „*Sie haben schon wieder einen Fehler gemacht. Ich verstehe das nicht und Sie müssen das schön langsam wirklich in den Griff bekommen! So kann es jedenfalls nicht weitergehen!*" Was löst das aus? Die Mitarbeiterin verliert nicht nur Vertrauen, sondern hat Angst vor einem neuen Fehler, da sie jetzt weiß, dass Sie nicht gerade kooperativ agieren.

Kluge Führungsfrauen reagieren hingegen so: *„Wie ist diese Situation entstanden? Was waren die Ursachen? Was benötigen Sie, damit das möglichst nicht mehr passiert, und wie kann ich Sie dabei unterstützen?"* Merken Sie den Unterschied? Das eine ist eine Feststellung einer unangenehmen Situation und das andere eine Suche nach der Lösung und eine Analyse der Ursache, bei der sich die kluge Führungsfrau Zeit nimmt, um ihre Mitarbeiterin zu verstehen, anstatt sich willkürlich Dinge zurechtzureimen. Zuhören und fragen sind für eine Führungskraft und natürlich ganz persönlich für Sie als Mensch manchmal die besseren Möglichkeiten, um Vertrauen zu gewinnen und Situationen zu klären. Wenn Sie einmal so weit sind, dass Sie nicht mehr in der Lage sind, anderen zu vertrauen, werden auch Sie von Kolleginnen oder Mitarbeiterinnen nicht mehr als vertrauenswürdig erachtet. Das ist der Beginn eines Teufelskreises.

Vertrauen – woher nehmen?

Doch zurück an den Anfang: Neugeborene kommen mit einem Urvertrauen auf die Welt, das relativ lange Zeit nahezu unerschütterlich ist. Welchen Menschen wir auch begegnen und welche Erfahrungen wir machen – Kinder vertrauen bedingungslos. Ab einem gewissen Punkt jedoch wird die Bereitschaft für diesen Vertrauensvorschuss nach schlechten Erfahrungen geringer. Das „Schubladendenken" setzt ein und verändert – oft unbewusst – unser Verhalten und unsere Sicht der Dinge.

Mir ist das nach dem Besuch eines südamerikanischen Restaurants in Wien aufgefallen, in dem mir meine Handtasche gestohlen wurde. Ich saß mit Freunden an der Bar und unterhielt mich bestens. Bald bildete sich rund um uns eine größere Gruppe. Wir unterhielten uns darüber, wie Menschen aus unterschiedlichen Kulturkreisen auf bestimmte Situationen zugingen. Nie im Leben hätte ich daran gedacht, dass dieses Szenario konstruiert wurde, um uns ablenken und bestehlen zu können. Bis zu diesem Abend hatte ich einen unerschütterlichen Glauben auf ein vertrauensvolles Miteinander – übrigens sehr zum Missfallen vieler Freunde, die mich öfters ernsthaft besorgt fragten, ob ich „wirklich so naiv" sei. Eigentlich war ich immer sehr stolz auf mein Weltbild gewesen – zumindest solange es nicht widerlegt wurde. Nach diesem Vorfall änderte sich das jedoch schlagartig. In jedem Lokal – vor allem in jenen, in denen Menschen anderer Kulturen verkehrten – umklammerte ich verkrampft meine Handtasche, aus Angst, dass ich erneut bestohlen werden könnte. Mein Vertrauen – vor Kurzem noch eine Eigenschaft von mir, die mich mit Stolz erfüllt hatte – war verschwunden. Erst nach langem Reflektieren fing mein Vertrauen wieder an zu wachsen. Dennoch konnte ich bis heute eine gewisse Vorsicht nicht mehr loswerden. Meine Freunde betrachteten das als gute Entwicklung. Ich bin mir darüber nicht so sicher.

Was die gestohlene Handtasche im Kleinen ist, sind Ereignisse wie der 11. September im Großen. Sie führen ganze Gesellschaften an den Rand des Kollapses und richten den wahren Schaden in den Köpfen der Menschen an. Wenn plötzlich nichts mehr so ist, wie es war, stellt man sich unweigerlich die Frage, wem und worauf man eigentlich noch vertrauen kann.

Vertrauen ist also relativ schnell verloren. Doch wie erlangt man es? Die wenig überraschende Antwort: Das Grundvertrauen wächst, wenn wir Zeit mit unseren Mitmenschen verbringen, dabei wenig schlechte Erfahrungen machen und Kommunikation als freundlich und offen erleben. Wenn Eltern ihre Kinder kurz in die Obhut von fremden Menschen geben oder man im Zug einen wildfremden Mitreisenden darum bittet, ein Auge auf das Reisegepäck zu haben, während man im Speisewagen ist, bezeichnen das manche Menschen wahrscheinlich als leichtfertig oder verantwortungslos. Doch dieser Vertrauensvorschuss ist notwendig, um ein befriedigendes Gemeinschaftsleben gestalten und erleben zu können.

Wohlgemerkt hat dieser Vorschuss Grenzen: Einerseits regulieren unsere Erfahrungen laufend unser Gefühl dafür, wie weit wir gehen sollten. Aber auch durch die Gesellschaft geprägte Bilder und schlechte Erfahrungen, die Personen gemacht haben, die mir nahestehen oder wichtig sind, haben sehr großen Einfluss darauf.

Sowohl die Soziobiologie als auch die mathematische Spieltheorie liefern uns Erkenntnisse, die dabei helfen, die innere Logik von Vertrauen und Misstrauen besser zu verstehen: Ausgangspunkt ist die uralte Erkenntnis, dass Menschen zwar egoistisch sind, es für sie aber aus durchaus eigennützigen Motiven empfehlenswerter ist, mit anderen zu kooperieren, anstatt sich als Einzelgänger durchs Leben zu schlagen. „Egoistisch" soll in diesem Zusammenhang übrigens nicht als wertende Charaktereigenschaft verstanden werden, sondern lediglich darauf verweisen, dass das biologische Ziel des Individuums nicht die „Erhaltung der Art", sondern die möglichst erfolgreiche Weitergabe der eigenen Gene ist.

Auf diesem Vorteil der Kooperation gegenüber dem Einzelgängertum basiert unsere gesamte soziale Ordnung – von der Familie über Dorfgemeinschaften und Vereine bis hin zu Unternehmen, Parteien und Staaten.

„Vertrauen ist gut, Kontrolle ist besser." Wir alle kennen diesen Spruch – und legen ihn in der Regel eher negativ aus.

Vertrauen mag auf den ersten Blick das komplette Gegenteil von Kontrolle darstellen. Da die Freiheit, dort der Zwang. Und dennoch haben diese zwei Begriffe für gute Führungskräfte einen direkten Zusammenhang, den man ausgezeichnet und bewusst nützen kann, um Mitarbeiterinnen und Mitarbeiter wertschätzend zu lenken und zu fördern.

Kontrolle ist tatsächlich ein guter und effektiver Hebel, um Vertrauen zu steuern. Jeder Mitarbeiter oder jede Mitarbeiterin benötigt ein unterschiedlich hohes Maß an Vertrauensvorschuss und hat einen individuellen Umgang mit dem entgegengebrachten Vertrauen. Kontrolle bedeutet, gewisse Dinge zu hinterfragen oder bei Vertrauensbrüchen Sanktionen zu setzen. Viele weibliche Führungskräfte haben besonders davor Scheu. Doch Mitarbeiter sind oft sehr froh, wenn sie ihre Grenzen aufgezeigt bekommen.

Der Weg zu einem optimalen Ergebnis führt auch beim Thema Vertrauen über Win-win-Situationen. In der Wirtschaft geht es selten darum, „blindes Vertrauen" in Teams anzustreben. Dieses Ziel wäre wahrscheinlich auch unrealistisch und hätte unerwünschte Folgen. Die Erfahrung zeigt: Wer sich unabhängig vom Verhalten der anderen immer kooperativ verhält, spricht geradezu eine offene Einladung aus, ausgenutzt zu werden. Dabei kommt mir eine ehemalige Kollegin in den Sinn, die sehr korrekt und rasch Aufgaben ausführte und Menschen stets bereitwillig unterstützte. Sie war hilfsbereit, offen, kooperativ – und wurde dabei regelmäßig und gnadenlos vom Mitglied einer oberen Führungsebene benutzt, um dessen Interessen (z.B. Anerkennung vom Chef, bessere Positionierung dieser Person im Unternehmen, Projekte für sie an Land zu ziehen) durchzusetzen. Ihre Hoffnung auf eine Win-win-Situation erfüllte sich nie. Damals wurde mir klar: Wer vollkommen auf Kontrolle verzichtet, ermuntert andere eigene Interessen vor die gemeinsamen Interessen zu stellen.

Was jedoch realistisch und sinnvoll ist, ist der Ansatz eines „wehrhaften" Vertrauens. Es bedeutet keinen Komplettverzicht auf Kontrolle und Sanktionen, sondern ein konsequentes Verhalten, das sowohl im Positiven als auch im Negativen für andere absolut berechenbar und damit vertrauenswürdig ist. In einem Satz zusammengefasst heißt das ungefähr so viel: *„Wer seinen Beitrag für das Gemeinsame leistet, kann sich darauf verlassen, dass ich es genau so mache – wer ihn nicht leistet oder gar versucht uns hereinzulegen, kann sich darauf verlassen, dass ich das nicht tolerieren werde."*

Das kommt uns doch irgendwie bekannt vor. Es ist das gute alte „Wie du mir, so ich dir" oder auch das vertraute „Wie man in den Wald hineinruft, schallt es heraus". Es geht hier jedoch nicht um Vergeltung, sondern einzig und alleine darum, die Bereitschaft für ein konstruktives Miteinander zu fördern und zu festigen.

Eines ist aber auch klar: Vertrauen hat seine Grenzen. Nicht jeder Mensch kann mit jedem Menschen. Dafür reichen oft schon banale Gründe aus – wie z.B. die Tatsache, dass man einen Kollegen unwillkürlich an seine mittlerweile unerträgliche Exfrau erinnert. Sollte sich der eine oder andere Kollege oder Mitarbeiter nicht an die Strategie des Teams halten, ist es unumgänglich, Kooperationen zu beenden. Auch das berühmte „Ende mit Schrecken statt Schrecken ohne Ende" hat einen hohen Wahrheitsgehalt. Ist erst einmal „der Wurm drin", um bei den Sprichwörtern zu bleiben, wird es nie wieder eine akzeptable Vertrauensbasis oder konstruktives Miteinander geben. Kurzsichtigkeit, Egoismus, Eigennutz und Vertrauensbrüche richten einfach zu viel dauerhaften Schaden an, der – wie die Erfahrung zeigt – so gut wie nie mehr gekittet werden kann. Aber es ist absolut okay. Auch frau muss nicht mit jedem können. Sollte eine Ihrer Mitarbeiterinnen zum Beispiel öfters als einmal Ihr Vertrauen missbraucht haben, besteht akuter Handlungsbedarf. Eine Kündigung sollte stets der letzte Lösungsweg sein – aber manchmal ist es der einzig gute Weg für das Team. Absolutes Vertrauen gibt es nicht. Organisationen, wie wir sie heute kennen, sind nicht darauf ausgerichtet – nicht einmal jene, in denen alles betont locker-flockig zugeht und in dem Mitarbeiter scheinbar alle Freiheiten haben, die man sich nur erträumen kann. Auch hier – oder besser gesagt, vor allem hier – bedarf es gut funktionierender Kontrollmechanismen.

Fazit: Absolutes Vertrauen und das Fehlen jeglicher Kontrolle sind ein Mythos.

Wie wird man als Führungskraft vertrauenswürdig?

Die Antwort auf den Punkt gebracht: Authentizität ist der wichtigste Erfolgsfaktor für Führungspersönlichkeiten!

Jeder Mitarbeiter und jede Mitarbeiterin erkennt unehrliches Handeln, übertriebenes Lob und aufgesetzte Höflichkeiten sofort. Seien Sie eine konstruktive Kritikerin mit punktgenauem Lobverhalten.

Das bedeutet im Klartext:

– Sprechen Sie Kritik oder schlechte Nachrichten unverzüglich an.

Gibt es eine negative Entwicklung in Ihrem Team oder im Unternehmen, sollten Sie das so ansprechen, dass es Ihre Mitarbeiter verstehen und akzeptieren können. Beschränken Sie sich dabei auf jene Fakten, die diesem Ziel dienen. Frauen neigen dazu, alles zu teilen – doch die komplette Bandbreite an Informationen ist für die Mitarbeiter nicht immer dienlich. Gibt es Klärungsbedarf nach einem negativen Vorfall mit einem Mitarbeiter oder einer Mitarbeiterin, suchen Sie immer so rasch wie möglich den direkten Weg mit der betroffenen Person.

– Behandeln Sie dabei die betreffenden Mitarbeiter stets wertschätzend und einfühlsam. Damit haben Frauen oft weniger Probleme, weil viele von Grund auf über eine sehr soziale Ader verfügen. Wichtig ist aber, dass Sie versuchen Ihr Gegenüber zu verstehen und seine Sichtweise wertschätzen.

– Reden Sie über das jeweilige Thema immer mit dem oder der Betroffenen selbst und nie mit anderen Personen!

Wichtig für ein glaubwürdiges Auftreten ist auch ein wohldosierter Gebrauch von Lob. Übertreiben Sie nicht. Frauen neigen zu exzessivem Loben, weil sie gerne gemocht werden wollen. Lob sollte wirklich nur dann ausgesprochen werden, wenn es ernst gemeint ist und die betreffende Leistung aus dem „normalen" täglichen Arbeitsrahmen herausragt. Dann schöpft die virtuose Führungsfrau jedoch aus dem Vollen.

Was man als Führungskraft ebenfalls oft vergisst: Lob annehmen zu können ist für manche Menschen eine echte Herausforderung. Zum richtigen Zeitpunkt ein anerkennendes Danke für außergewöhnliche Leistung ist dennoch das Um und Auf für ein langfristiges Vertrauensverhältnis im Team. Bleiben Sie fair und konstruktiv! Oft habe ich beobachtet, dass Frauen dazu neigen, Lob herunterzuspielen. Bescheidenheit ist wie schon erwähnt eher eine Eigenschaft von Frauen als von Männern. Männer neigen schneller dazu zu sagen: *„Ja, das kann ich ganz gut"*, oder: *„Das war bei den letzten Projekten auch schon so."* Frauen sagen hingegen: *„Oh, das war ja nicht so aufwendig. Und ist ja keiner Rede wert."* An solchen Aussagen erkennen Sie, wie viel Selbstvertrauen Sie haben. Ein Lob soll Ihr Selbstvertrauen stärken, doch im gleichen Atemzug degradiert sich frau selbst. Genießen Sie das Lob und bejahen Sie es. *„Danke für Ihr Lob, das freut mich wirklich, dass Sie meine Leistung erkannt haben."* So eine Reaktion klingt schon einmal ganz anders und gibt Ihrer inneren Haltung mehr Kraft und Energie.

Selbst Vertrauen braucht Selbstvertrauen

Wir haben bisher viel gehört über das Vertrauen als Stoff, aus dem die Führungsfrauenträume sind. Doch die Frage aller Fragen ist immer, wie man die Umsetzung angeht. Oder, wie es eine Klientin von mir einmal auf den Punkt brachte: *„Okay. Fein. Was kann ich jetzt verändern?"*

In ihrem Fall haben wir uns auf Spurensuche begeben, um die Gründe für das fehlende Vertrauen zu finden. Wo sind die Ursachen? Wo fing alles an? Dabei geht es nicht um psychotherapeutische Sitzungen, sondern darum, die Wurzeln des entsprechenden Musters zu finden und freizulegen. Es ist nicht notwendig, alles zu analysieren und zu zerpflücken, um beruflich selbstsicherer zu sein. Sobald man den Ursprung erkennt, erkennt man das Muster.

Bleiben wir beim konkreten Fall der Klientin, um mögliche Zusammenhänge gut beleuchten zu können: Ihr fehlte Vertrauen in das eigene Können. Als Folge dessen verkaufte sie sich regelmäßig unter ihrem Wert, verlangte zu wenig Entgelt für ihre Leistung und hing Träumen von Führungspositionen nach, deren Bewältigung sie sich eigentlich gar nicht zutraute.

Für eine Außenstehende mutete diese Selbstwahrnehmung sehr seltsam an. Sie hatte sich ein Studium in ihrem Fachgebiet und einige Zusatzausbildungen selbst finanziert und erfolgreich abgeschlossen, war mittlerweile eine erfahrene Expertin – spielte aber immer noch mit dem Gedanken, weitere vertiefende Kurse zu belegen. Ich fragte sie mit einem Lächeln auf den Lippen, wann sie eigentlich damit beginnen wolle, Geld zu verdienen. Das und mein Hinweis, dass man natürlich auch beschließen kann, bis ans Lebensende Wissen anzuhäufen, machte sie nachdenklich.

Erst mein direktes Feedback zu ihrer hochqualifizierten Ausbildung und in vielen Jahren erworbenen Erfahrung brachte sie wieder zum Lächeln. Ich fragte sie: *„Wollen Sie jetzt weiterlernen oder sind Sie bereit mit Ihren überaus beeindruckenden Fähigkeiten Geld zu verdienen? Wollen Sie jetzt beginnen, das zu verdienen, was Sie wert sind, oder zumindest ansatzweise das, was Sie wollen?"* Nach zwei, drei Widersprüchen, Einwänden und Diskussionen kamen wir voran und konnten konkret an der Lösung arbeiten. In ihrem Falle sah diese so aus, dass sie übte ihr Können anzunehmen und keine weiteren Ausbildungen zu beginnen. Letzteres war sogar eine strikte Vereinbarung für die Dauer unserer Zusammenarbeit, die letztlich nicht mehr als sechs Sitzungen lang notwendig war. Danach ging sie ihren Weg mit einer völlig anderen Selbstwahrnehmung und einem strahlenden Vertrauen in das eigene Expertentum.

Es ist schwer, tollen und beeindruckenden Frauen gegenüberzusitzen, die wenig bis kein Vertrauen in die eigenen Fähigkeiten haben. Das ist aber auch gleichzeitig der Grund, warum ich meinen Beruf als Beraterin so leidenschaftlich gerne ausübe: Es macht mir Freude, Menschen dabei zu begleiten, spannende Geschäftsideen ins Rollen zu bringen, und ihnen verstehen zu helfen, welche Schritte dazu notwendig sind. Aus meiner langjährigen Erfahrung weiß ich, dass es Frauen beim „Über-den-Schatten-Springen" oft viel schwerer haben als Männer. Lassen Sie sich von mir mit einer herrlichen Geschichte von dieser Theorie überzeugen:

Eines Tages nahmen zwei Männer bei mir Platz und erzählten mir von ihrem Geschäftsvorhaben, eine kulinarische Spezialität aus dem Ausland nach Österreich zu importieren. Beide waren in anderen Bereichen tätig und eigentlich fehlte ihnen jegliches Backgroundwissen, wie man so ein Business aufzieht. Sie hatten lediglich rudimentäre Ideen, wie sie den Vertrieb aufbauen wollten. Einer der beiden – selbst aus jenem Teil der Welt, aus dem sie die Spezialität importieren wollten – erzählte mir, dass dieses Produkt unterschätzt wird und es in seiner Heimat hervorragende Produzenten gibt, mit denen eine Zusammenarbeit lohnend wäre.

Als Genussmensch wollte ich natürlich wissen, was denn der Unterschied dieser Spezialität zu einem vergleichbaren Produkt aus Österreich wäre. Als Antwort kam ... nichts. Und zwar sehr lange nichts. Die beiden sahen sich mit aufgerissenen Augen an und meinten dann – fast schon verlegen –, dass es einfach gut schmecke. Sie hatten – so viel war jetzt klar – keinerlei Ahnung von der Vermarktung dieser Spezialität, aber gleichzeitig auch keinerlei Bedenken, auf diesem Nichtwissen ein Business aufzubauen. So viel Mut und Vertrauen ist mir bei Frauen nie begegnet – eher das komplette Gegenteil. Frauen haben mich meistens dahingehend überrascht, dass sie ihre mannigfaltigen Ressourcen und ihr unglaubliches Potenzial selbst völlig verkannt oder klein gemacht haben.

Das bringt uns zurück zu der von mir am Kapitelanfang geäußerten Theorie: Wir Frauen unterscheiden uns von Männern nur durch den fehlenden Größenwahn. Vielleicht verstehen Sie diese Aussage jetzt ein wenig besser. Aber wir können aus der oben angeführten Geschichte auch etwas Konkretes mitnehmen: In der Geschäftswelt muss man sich nicht überall perfekt auskennen, um erfolgreich zu sein. Aber ein paar grundlegende Dinge sollte man nicht außer Acht lassen.

Wie viel Vertrauen haben Sie?

Mit einem einfachen Test können Sie den Grad Ihres Vertrauens in sich selbst überprüfen. Stellen Sie sich folgende Fragen und notieren Sie die Antworten. Nehmen Sie sich für jede der Fragen ein paar Minuten Zeit:

→ Was habe ich bis jetzt in meinem Leben geschafft?

→ Was bewältige ich tagtäglich? (Finden Sie mindestens zehn Punkte.)

→ Welche Projekte sind in letzter Zeit gut gelaufen?

→ Vertraue ich meiner Erfahrung? (Begründen Sie Ihre Antwort.)

→ Was muss ich verändern, damit ich mir (noch) mehr vertraue?

→ Vertraue ich meinem Team bzw. meiner Umgebung?

→ Was kann ich tun, um meinem Team mehr zu vertrauen und dadurch mehr Freude am Delegieren zu gewinnen?

→ Was zeichnet mein Team aus? Worauf bin ich stolz?

→ Bewahren Sie Ihre Antworten auf und wiederholen Sie diesen Test nach sechs bis zwölf Monaten. Vergleichen Sie Ihre Antworten und schätzen Sie ein, inwieweit sich Ihr (Selbst-)Vertrauen verändert hat.

KAPITEL 3

Von nichts kommt nichts: Erfolg braucht Strategie

Es ist eine der vielen Eigenheiten von uns Menschen, dass wir dem Erfolg anderer in Extremen begegnen: Grenzenloser Bewunderung oder Respekt stehen Neid und Missgunst gegenüber. Beide Seiten übersehen dabei oft, dass Erfolg in so gut wie allen Fällen das Ergebnis von harter Arbeit, Zielstrebigkeit und eisernem Willen ist. Viel seltener, als man glauben möchte, wurde „Menschen, die es geschafft haben", etwas einfach so in die Wiege gelegt oder von Göttin Fortuna vor die Füße geworfen.

Betrachtet man Erfolgsgeschichten wie jene von Madonna (ihre Strategie ist im strategischen Managementbuch von Robert M. Grant genau beschrieben), Red Bull-Chef Dietrich Mateschitz, Niki Lauda und anderen bekannten Persönlichkeiten, erkennt man, dass alle Karrieren auf einem Masterplan basieren, der konsequent in die Tat umgesetzt wurde. Besonders extrem fällt dies bei Spitzensportlern und Spitzensportlerinnen auf, deren Weg in die Sportelite in den meisten Fällen bereits in der Kindheit entworfen wurde – entweder von den Sportlern selbst oder von deren Eltern. Talent alleine reicht also nicht. Nur durch eine Kombination aus Ehrgeiz, Willen, Durchhaltevermögen und einer umfassenden Strategie ist es möglich, seine Ziele zu erreichen. Auch wenn die folgende Aussage viele vor den Kopf stößt: Träumen alleine ist zu wenig! Erst Träume, denen konkrete Taten folgen, führen ans Ziel.

Die Strategie macht also den Unterschied. Doch was verbirgt sich hinter diesem Begriff und welchen Nutzen bringt ein strategisches Vorgehen? Eigentlich bedeutet „Strategie" nicht mehr und nicht weniger als „Wie genau?". Wer strategisch – also geplant – vorgeht, weiß genau, was er oder sie wie machen will. Strategie bezieht sich dabei auf eine überblickende Sichtweise, während Taktik schlaues Handeln in einer gegebenen Situation darstellt. Auf Unternehmen umgemünzt leitet sich Strategie aus der Vision und den Werten ab, während Taktik mit dem Management der im Tages- und Wochenverlauf auftretenden Situationen gleichzusetzen ist.

Eine Strategie ist keine bis ins letzte Detail ausgeklügelte Schrittfolge, sondern vielmehr der Entwurf eines persönlichen „Schlachtplans". Er wird meistens aus der persönlichen Vision abgeleitet und ist eine grobe Routenplanung, wie diese Vision erreicht werden kann.

Ihre Basis: Vision, Strategie, Werte und Ziele

Immer häufiger sitzen Menschen bei mir in der Beratung und sprechen über den Sinn in ihrer Tätigkeit und in ihrem Job. Das „Sinn-Thema" ist in Unternehmen gerade im Bezug auf Nachhaltigkeit in den letzten Jahren gestiegen. Nur was gibt uns Sinn? Manche Menschen arbeiten wie besessen und vertreten ein bestimmtes Thema, für das sie arbeiten, vehement. Diese Menschen sind überaus überzeugt von ihrem Produkt oder ihrer Leistung. Sie sehen einen Sinn in ihrer Tätigkeit. Das erkennen Sie daran, weil jene über ihr Produkt oder ihre Leistungen mit glitzernden Augen erzählen. Sie haben ihren Sinn für ihr Leben und ihre Arbeit gefunden. Der Sinn bringt uns die Vision und mit ihr die Werte, für die wir stehen. Und damit wird es leichter, Ziele und die dazu passende Strategie zu finden.

Wenn Sie ein Mensch sind, der sich diese Sinnfrage immer wieder stellt, dann ist es wichtig, vor der Strategie genauer auf die Vision zu schauen. Wenn Sie den Sinn haben, dann konzentrieren Sie sich auf die Strategie.

Was gibt Ihnen Sinn oder was ist Ihre Vision?

Um diese Frage beantworten zu können, müssen wir uns zuerst einmal damit beschäftigen, was eine Vision überhaupt ist. Sie ist das große, schwierige, ehrgeizige Ziel, das niemals zu 100% erreicht werden kann. Eine Vision bietet Orientierung bei der Richtungswahl. Wichtig ist dabei, dass die Kernideologie, die Grundwerte und der eigentliche Zweck der Vision festgelegt werden. Die Vision ist das, was wir gerne werden, erreichen und/oder erschaffen möchten. Große Visionäre haben dafür immer eine schöne Geschichte parat. Sie erzählen uns die Geschichte aus der Zukunft.

Die Strategie dient als konkrete Umsetzung zur Erreichung der Vision. Unterschiedliche Ziele benötigen unterschiedliche Strategien. Daher können Strategien anderer lediglich eine Inspiration sein. Es ist jedoch nicht ratsam, diese 1:1 „nachzuleben".

Werte sind dabei die Art und Weise, wie Ziele erreicht werden. Grundwerte werden selbst gewählt und können auch als Prinzipien formuliert werden. Sie brauchen keine äußere Rechtfertigung, sondern haben inneren Wert und Bedeutung für die jeweilige Person. Meist hat jeder Mensch nur drei bis fünf Grundwerte, die zu 100% nach innen und nach außen gelebt werden (können). Der Wert „soziale Verantwortung" sollte zum Beispiel nicht nur im Unternehmen oder bei Projekten, sondern auch im Privatleben und in anderen Lebenssituationen konsequent gelebt werden, um glaubwürdig wahrgenommen zu werden. Ein Unternehmen, das sich für Menschen mit Behinderung einsetzt, gleichzeitig aber Kinderarbeit in der Dritten Welt unterstützt, wird schnell seine Glaubwürdigkeit los sein. Nicht predigen, sondern leben, ist die Devise der Werte.

Ziele sind die Etappen auf dem Weg zur Vision. Schritt für Schritt erreicht man die kleinen Ziele, um sich den großen Zielen anzunähern.

Am Beispiel von Madonna sieht man, dass eine starke Vision nicht zwangsläufig endet, wenn man ein großes Ziel erreicht hat: Ihre Vision war es, ein Weltstar zu werden – und auch zu bleiben. Während viele Superstars sich nach kurzer Zeit im Rampenlicht wieder in die Bedeutungslosigkeit verabschiedet haben, ist ihr Status selbst nach Jahrzehnten noch immer unangetastet. Ihr Geheimnis: die Bereitschaft und Absicht, sich immer wieder neu zu erfinden und immer wieder neu zu provozieren. Diese Strategie leistet im relativ schnelllebigen Musikbusiness auch für jüngere Kolleginnen wie Lady Gaga gute Dienste. Doch auch wenn es vielleicht nicht so aussieht: Hinter den vielen Facetten, die von Madonna in regelmäßigem Abstand präsentiert werden (müssen), steckt Knochenarbeit und ... Strategie.

Im Arbeitsalltag werden die Wörter „Strategie" und „Vision" schon fast inflationär verwendet. So gut wie alle Facetten des täglichen Business werden irgendwie mit diesen Begriffen verflochten, was deren Bedeutung im Laufe der Zeit verwässert und ausgedünnt hat.

Lassen Sie mich Ihnen dazu eine Geschichte aus meinem Beratungsalltag erzählen. Ein Klient kam zu mir und eröffnete mir seine Vision, Millionär zu werden. Ja, es war ein Mann. Frauen haben in der Regel sehr selten ein derartiges materielles Anliegen auf dem Herzen. Genau genommen handelt es sich dabei nicht um eine Vision, sondern um ein „Ziel" – übrigens um eines, dass ich persönlich nicht für unerreichbar halte. Ich stellte dem Klienten also die Frage, welche Vision sich hinter diesem erstrebenswerten Ziel verbirgt und auf welche Art und Weise er es erreichen möchte.

Sie merken vielleicht sofort, dass es einen großen Unterschied zwischen diesen Begriffen gibt. Eine „Vision" ist etwas, das Sie nie erreichen sollten, da es Ihr „inneres Feuer" und Ihre Antriebskraft ist, mit der Sie durchs Leben gehen. „Werte" bestimmen die Art und Weise, wie Sie den Weg gestalten, und die „Strategie" ist die schrittweise Annäherung an das „Ziel".

Zurück zu dem Klienten: Ich skizzierte ihm ein Bild seines Weges zum Millionär und erwähnte, nur um auch korrekt zu sein, dass Vision und Werte nicht immer ethisch korrekt seien. Caesar wurde von der Vision der Weltherrschaft angetrieben. War das ethisch korrekt? Nein, ganz und gar nicht.

Das brachte den Klienten zum Grübeln. Was war eigentlich seine Vision hinter dem Wunsch nach großem Reichtum? Ohne diesen großen Fokus fehlt ein ganz entscheidender Aspekt, der allen Bemühungen eine Richtung gibt und dabei hilft, in schlechten Zeiten mit Durchhaltevermögen und Kampfgeist „dran" zu bleiben. Und diese Durchhänger treten unweigerlich auf. Verfolgt man die Biografien großer Pioniere, begegnet man großen Rückschlägen und Widerständen, die auf dem Weg zum Ziel überwunden werden mussten. Und auch wenn man sich auf die dunkle Seite der menschlichen Psyche begibt, entdeckt man große Disziplin als Erfolgsgaranten: Diese Disziplin kann zu großen positiven Erfolgen führen, sie ist gleichzeitig aber auch der Motor für die schrecklichsten Entwicklungen der menschlichen Geschichte. Selbst Hitler erlebte massive Dämpfer und kam trotzdem seinen furchtbaren Zielen beängstigend nahe. Warum ich an dieser Stelle dieses extrem negative Beispiel nenne? Es zeigt, dass man tatsächlich alles erreichen kann, Positives wie Negatives, wenn man nur dranbleibt – selbst wenn es sich, wie in diesem Fall, um ein durch Hass und Wahnsinn geprägtes Unterfangen handelt.

Auch wenn ich persönlich diesem Unterfangen nichts abgewinnen kann und es all meinen Idealen konträr gegenübersteht: Die starke – wenn auch verabscheuungswürdige – Vision eines Mannes soll hier als negatives Beispiel dafür dienen, wie weit extremes Durchhaltevermögen führen kann.

Und jetzt zu einigen Beispielen, die weit mehr meinen Idealen entsprechen: Nelson Mandela ist ein ehemaliger führender Anti-Apartheid-Kämpfer Südafrikas und war von 1994 bis 1999 der erste schwarze Präsident des Landes. Er gilt neben Martin Luther King als wichtigster Vertreter im Kampf gegen die weltweite Unterdrückung der Schwarzen sowie als Wegbereiter des versöhnlichen Übergangs von der Apartheid zu einem gleichheitsorientierten, demokratischen Südafrika. Er hatte eine Vision und hat diese leider immer noch nicht erreicht. Aber Etappenziele sind umgesetzt worden. Schritt für Schritt.

Weitere positive Beispiele aus der Geschichte sind aus meiner Sicht Maria Theresia und Josef II. „Alles für das Volk, aber nichts durch das Volk" – mit diesem Motto wurde die Vision einer Schulreform von Maria Theresia in Angriff genommen und durch die erfolgreiche Bewältigung diverser Etappenziele auch erreicht.

Natürlich braucht es auch die notwendigen Rahmenbedingungen, um eine Vision zu verfolgen und Ziele zu erreichen. Aus diesem Grund hat die Wirtschaftkrise einigen Unternehmen einen gewaltigen Strich durch die Rechnung gemacht. Denn plötzlich waren alle strategischen Überlegungen obsolet und nichts funktionierte mehr so, wie es geplant war – und zwar in einem Ausmaß, das viele Unternehmen an den Rand des Untergangs brachte.

Dennoch hielt eine überwiegende Mehrzahl dieser Firmen durch, indem sie an ihrer Vision festhielt und lediglich die Strategie den neuen Rahmenbedingungen anpasste – eine goldrichtige Entscheidung, wie die Praxis bestätigte. Sie merken schon: Visionen sollten eine Kraft und Sicherheit gebende Konstante sein und sich nicht ändern. Bei Unternehmen ist eine derartige Neuausrichtung nur dann ratsam und notwendig, wenn jenes Firmenoberhaupt, das die bisherige Vision entwickelt hat, aus dem (Berufs-)Leben scheidet. Nichts ist schwieriger für ein Unternehmen, als einer „alten" Vision zu folgen, die kein Gesicht mehr hat. Ein Beispiel dafür aus der jüngeren Wirtschaftsgeschichte ist Steve Jobs. Nach seinem Tod spielten die Aktienkurse kurzzeitig völlig verrückt. Mit gutem Grund: Wenn ein Unternehmen seinen Visionär verliert, verliert es möglicherweise seine Vision und damit auch seine Erfolgschancen – wie erfolgreich und dominant es bis zu diesem Zeitpunkt auch war.

Fazit: Arbeiten Sie Ihre Vision möglichst klar heraus und entwickeln Sie danach Ihre Strategie! Nehmen Sie sich Zeit für Ihre Vision. Sie ist das Fundament all Ihrer Unternehmungen.

Hierzu einige Beispiele aus meiner täglichen Coachingarbeit: Eine Klientin aus dem Gesundheitsbereich hatte mit ihrem Unternehmen folgende Vision vor Augen: *„Ich möchte die Gesundheitsförderung in Unternehmen und bei einzelnen Mitarbeiterinnen durch Bewusstmachung neuer alternativmedizinischer Methoden steigern."* Eine andere Klientin auf Jobsuche motivierte dieses Bild: *„Ich möchte gerne mit meiner Tätigkeit alle Menschen zum Lachen bringen."* Eine Unternehmerin aus der Baubranche hatte folgende Vision: *„Ich möchte mit nachhaltigem Bauen gesündere und lebenswertere Wohnmöglichkeiten für Menschen schaffen."* Wie sieht *Ihre* Vision aus?

Von der Vision zur Strategie

Steht die Vision, ist Strategie gefragt. Schauen wir uns gemeinsam das Beispiel der Frau an, die Menschen mit ihrer Tätigkeit zum Lachen bringen wollte. Zuvor war sie übrigens als Projektleiterin eines Pharmaunternehmens erfolgreich gewesen. Nachdem ihre Vision klar war, fragte ich sie, welche Werte sie verkörperte und welche nächsten Etappenziele sie sah, die rasch umsetzbar sind. Da ihr Primärziel war, eine Anstellung zu bekommen, in der sie ihre Vision umsetzen konnte, war ein erstes Ziel, alle Unternehmen ausfindig zu machen, die in weitester Form mit Unterhaltung zu tun hatten. Wir fanden Luftballonhersteller, Eventunternehmen, Konzertveranstalter und viele weitere Firmen, die prinzipiell als Arbeitgeber infrage kamen. Ihre bisherige Karriere schränkte die Vielfalt ein, da ihr ihre Erfahrung nur in gewissen Unternehmen dienlich sein würde.

Wichtig war auch eine Marktanalyse durchzuführen, anhand derer wir ihre Gehaltsvorstellung mit der marktüblichen Situation vergleichen konnten. Danach visualisierten wir gemeinsam ein Szenario und spielten eine ideale Jobsituation aus der Zukunftsperspektive durch. Die Klientin erzählte aus der Ich-Perspektive von ihrem Idealjob: *„Ich sitze in meinem Büro und arbeite für einen international agierenden Spielehersteller. Wie schon in meinem vorangegangenen Job habe ich Verantwortung über Projekte und Unternehmensprozesse. Gleichzeitig kann ich meine Ideen für Spiele und deren Umsetzung einbringen und so ein Lächeln in viele Gesichter zaubern."* Nachdem sie das Szenario „durchlebt" hatte, wusste sie, welche Maßnahmen sie zu setzen hatte: 1) Spieleunternehmen ausfindig machen, 2) Schreiben einer kreativen Bewerbung, 3) Kontakt zum Unternehmen über Netzwerke aufnehmen, 4) Veranstaltungen des Unternehmens besuchen, 5) Ideen ausarbeiten, die das Unternehmen von einer Projektleiterin erwartet, 6) Zusammenfassung erstellen und an die recherchierten Kontakte versenden, 7) nach einer angemessenen Zeit nachtelefonieren und dranbleiben, ...

So simpel kann eine Strategie aussehen. Es hängt jedoch von der Vision ab, ob und wie eine Strategie zum Erfolg führt. Wenn jemand zum Beispiel das Ziel hat, Kabarettistin zu werden, muss man komplett anders vorgehen.

Bei der Entwicklung von Strategien sollte man – entgegen anderslautenden Empfehlungen – aktuellen Prognosen des Marktes nicht zu viel Gewicht beimessen. Lassen Sie sich z.b. nicht davon abschrecken, wenn Ihnen immer wieder erzählt wird, dass in dem angestrebten Bereich zurzeit niemand gesucht wird und die Branchenlage schlecht ist. Es geht darum, einen individuellen Weg zu entwerfen, der persönlich als bereichernd empfunden wird. Diese subjektive Einschätzung ist im Vergleich zu wankelmütigen Trends und Tendenzen relativ konstant – zumindest über mittelfristige Zeitrahmen hinweg. Und sie liefert das, was für eine gute Umsetzung einer Strategie unerlässlich ist: inneres Feuer, das einen so manche Durchhänger mit Leidenschaft und eisernem Willen überstehen lässt.

Eines kann jedoch nie schaden: die Branche, in der man sich bewegt und in der man weiterkommen möchte, möglichst gut zu kennen.

Ich höre oft die Frage, ob man auch ohne Vision erfolgreich sein kann. Ja, kann man – allerdings ist es wesentlich schwerer. Wer mit einer Vision im Herzen mit einer bestimmten Vorgehensweise am Weg zur Vision scheitert, steht leichter wieder auf und versucht einen anderen Weg, weil die Vision so viel Herzblut hat, dass es sich auszahlt, wieder aufzustehen.

Eines ist ebenfalls klar: Eine Strategie kann – muss aber nicht – aufgehen. Erfolgsgarantien gibt es auch mit optimaler Vorbereitung und Disziplin keine. Dennoch sticht ins

Auge, dass Menschen mit einer größeren Vision eher erfolgreich sind als jene ohne großes Ziel vor Augen. Seine Vision findet man in der Regel nicht „im Vorbeigehen". Vielen Menschen ist die Auseinandersetzung mit diesem Thema zu unangenehm, zu mühsam oder auch einfach nur zu abstrakt. Dennoch lohnt es sich aus meiner Erfahrung heraus, das zu finden, was das innere Feuer am Lodern hält.

Generell gilt: Tun Sie alles dafür, um sich eine Umgebung zu schaffen, die Sie motiviert, am Ball zu bleiben und auch bei Rückschlägen nicht aufzugeben. Nur wer trotz Scheiterns immer wieder aufsteht und neue Wege sucht, wird sein Ziel erreichen.

Wie wichtig Durchhaltevermögen ist, möchte ich Ihnen auch anhand eines Praxisbeispiels vor Augen führen:

Eines Tages konsultierte mich ein Unternehmer mit einer großen Vision und einem großen Problem: Er hatte keine geeignete Strategie für die Umsetzung seines Traums parat. Er schilderte mir seine Vision in den schillerndsten Farben. Sein Franchiseunternehmen war in einem speziellen Segment des Gesundheitswesens aktiv und er strebte eine Expansion an, um sich zusätzliche Marktanteile zu sichern. Seine Vision: eine Reformation des Gesundheitsbereiches. Das neue Etappenziel klang vielversprechend und gut überlegt, doch es fehlte an einem guten Plan, wie es innerhalb der vorhandenen Strukturen und Möglichkeiten umgesetzt werden könnte. Wir machten uns gemeinsam ans Werk.

Als ersten Schritt führten wir eine umfassende Analyse durch: Wo steht der Markt momentan? Wie sieht die Unternehmenssituation intern und extern aus? Wo liegen die Stärken und Schwächen der aktuellen Firmenstruktur und -kultur? Danach folgte eine präzise Formulierung der Finanzen und Prozesse und die Planung des Auftritts und der Kommunikation.

Erst dann waren wir bereit für die konkrete Umsetzung

im Unternehmen: Die Belegschaft wurde von der neuen Strategie in Kenntnis gesetzt. Im Speziellen ging es dabei um die Veränderung der Struktur, Abläufe, Abrechnungssysteme und der Prozesse, neue Vorgaben wurden transparent kommuniziert und Maßnahmen, Fristen und Strukturen möglichst konkret und nachvollziehbar umrissen.

Diese Strategie gab ihm nicht nur einen Leitfaden für seine tägliche Arbeit: Nun kannte er die Richtung, die Partner und die erwünschten und unerwünschten Schnittstellen für eine Zusammenarbeit. Last, but noch least war er auch über seine Kunden und seine Zielgruppe im Bilde. Das ist die übliche Vorgangsweise bei unternehmerischen Szenarien. Die Strategiefindung bei Einzelpersonen sieht ein bisschen anders aus: Wie bringt man es zur jüngsten Marketingleiterin der Unternehmensgeschichte? Oder wie schreibt und veröffentlicht man in jungen Jahren ein erfolgreiches Buch? Auch wenn diese Leistungen von Medien gerne als Zufallsereignis beschrieben werden, bei dem Protagonistinnen „zur rechten Zeit am rechten Ort" waren: Auch hinter diesen Erfolgen Einzelner steckt meistens eine gut umgesetzte Strategie.

Eine meiner Klientinnen hatte das bereits im Alter von 25 Jahren erkannt. Sie wollte schon während ihres Studiums eine Strategie ausarbeiten, wie sie mit 30 Jahren dort sein konnte, wo sie hin wollte: Sie träumte davon, die Geschicke eines großen Unternehmens im Sportartikelbereich zu leiten. Von meiner Warte aus gesehen deckte sich diese Vision sehr gut mit ihrem Naturell und ihren Fähigkeiten. Also arbeiteten wir die Situation mithilfe der Szenariotechnik im Detail aus: *„Sie sind in fünf Jahren dort, wo Sie hin wollen. Was haben Sie dafür getan? Erzählen Sie mir die Geschichte aus der Zukunft!"*

Das ist natürlich eine stark simplifizierte Darstellung. Tatsächlich bedienten wir uns nicht nur der Geschichtenform, sondern arbeiteten jedes Szenario in allen Einzelheiten aus – bis hin zur Umsetzung.

Trotz ihrer Jugend legte diese Klientin große Diszipliniertheit und Zielstrebigkeit an den Tag. Obwohl sie im Laufe der nächsten Jahre vieles so umsetzen konnte, wie wir es im Zuge der Strategieplanung besprochen hatten, kam einiges dann doch etwas anders: Sie fasste nicht bei dem ursprünglich anvisierten Sportartikelhersteller Fuß, sondern ging zu einem Konkurrenzunternehmen, weil das in puncto Philosophiewerten besser zu ihr passte und von einem Land aus operierte, das ihr sehr zusagte.

Zum Zeitpunkt, in dem ich dieses Buch verfasse, hat sie ihr damals gestecktes Ziel fast erreicht. Derzeit überlegen wir bereits Strategien, wie es weitergeht, nachdem sie ihr Ziel erreicht hat. Mittlerweile weiß sie ja aus erster Hand, dass man mit einer kraftvollen Strategie sehr weit kommen kann.

Übrigens: Ihre Vision ist es, einen Konzern zu leiten und dabei die richtige Worklife-Balance zu erhalten. Es ist nicht zwingend notwendig, dass eine Vision so umfassend ist wie in diesem Fall. Falls Sie keine Vision haben sollten, ist es aber unumgänglich, dass Sie zumindest konkrete Ziele haben.

Der erste Schritt: Die Vision als Fundament

Beginnen wir mit einer kleinen Übung. Bitte beantworten Sie folgende Fragen:
- Was haben Sie in Ihrem Leben vor?
- Was wollen Sie erreichen?
- Was erfüllt Sie mit Freude und Kraft?
- Wozu fühlen Sie sich berufen? Was gibt Ihnen Sinn?

Diese kraftvollen Fragen helfen dabei, die eigene Vision herauszuarbeiten. Visionen sind die großen Bilder, die strahlend über den vielen kleineren und größeren Herausforderungen stehen, denen wir im Laufe unseres Lebens begegnen. Visionen geben weniger Aufschluss darüber, was man im Detail tun möchte, sondern vielmehr, wer man sein möchte und worauf man am Ende seines Lebens stolz zurückblicken kann. Ich stelle meinen Klienten und Klientinnen gerne die Frage *„Worauf sollen Ihre Kinder, die eigenen Eltern oder Freunde in zwanzig Jahren stolz sein?"*. Dieser gedankliche Zugang öffnet neue Aspekte und die simulierte Außensicht erleichtert es, die eigenen Erfolgsabsichten zu konkretisieren. Erzählen Sie sich Ihre Geschichte aus der Warte eines zukünftigen Ichs, um ein lebendiges Bild zu entwerfen, wo Sie stehen wollen und was Sie erreicht haben wollen.

Das Folgende ist ein bekanntes Beispiel einer Vision, deren Umsetzung immens große Strahlkraft hatte:

„Ich will ein Auto für die breite Masse bauen. Es wird so niedrig im Preis sein, dass niemand mit gutem Lohn nicht in der Lage sein wird, eines zu besitzen und mit seiner Familie den Segen vergnügter Stunden in Gottes freier Natur zu genießen. Wenn ich fertig bin, wird sich jeder eines leisten können und jeder wird eines haben. Das Pferd wird von unseren Straßen verschwunden sein und das Automobil eine Selbstverständlichkeit sein. Wir werden einer großen Zahl von Menschen Beschäftigung zu guten Löhnen geben."

Mit dieser leidenschaftlichen und klaren Vision umriss Henry Ford damals seine Vision von einer Demokratisierung des Automobils. Auch wenn die Vision so formuliert ist, dass er ausschließlich Gutes für die Menschheit im Sinn hatte, stimmt das so natürlich nicht. Er wollte damit auch Geld verdienen, indem er einen neuen Wirtschaftszweig nutzbar machte.

Menschen den Zugang zum Besitz eines Automobils zu eröffnen erforderte eine neue Strategie in der Produktion und im Vertrieb. Die Kosten für Entwicklung und Herstellung müssen ab einem bestimmten Zeitpunkt optimiert werden, um Käufern und Verkäufern bessere Preise bieten zu können. Somit ergab sich zwangsläufig die Weichenstellung in die Massenproduktion. Der „Segen", den er der Menschheit schenken wollte, hatte also durchaus auch legitime monetäre Hintergründe.

Doch zurück zu einem Beispiel mit kleineren Dimensionen: Ich kannte eine Medizinstudentin, die den dringenden Wunsch hatte, aus ihrem Leben etwas Sinnvolles zu machen. „Sinnvoll" bedeutete für sie, dass sie schwer erkrankte Menschen unterstützen wollte. Doch was war die Vision? Sie formulierte es so: *„Menschen durch meine Tätigkeit aus einer Krise zu führen und lösungsorientierte Wege mit ihnen zu erarbeiten."* Sie wollte also als Therapeutin tätig sein. Die Lösung: Durch eine Ergänzung ihres laufenden Arztstudiums durch ein Psychologiestudium änderten wir den Kurs in die richtige Richtung. Sie war eigentlich schon auf dem richtigen Weg gewesen – nur ein kleines Detail hatte ihr noch gefehlt.

Szenenwechsel: Eine Assistentin aus einem großen Konzern kam zu mir und suchte meinen Rat. Ihr fehlten der Antrieb und eine klare Weichenstellung für ihre Zukunft. Sie wollte etwas verändern. Was sie verändern wollte, war ihr aber nicht klar. Ich ging in medias res und mit meinen Fragen in die Tiefe: *„Was macht Ihnen in Ihrer Freizeit Spaß?"* – *„Was haben Sie für Wünsche?"* – *„Was möchten Sie noch alles erleben?"* – *„Worauf sollen Ihre Eltern stolz sein?"*

Jetzt erkennen Sie schon: Es war die übliche Vorgehensweise. Was kam zutage? Sie liebt Tiere über alles. Zwei Hunde und Katzen gab es schon zu Hause. Sie wollte unbedingt in diesem Bereich etwas machen, da ihr auch Tierschutz sehr am Herzen lag. Wo glauben Sie, ist die Frau gelandet? Sie ist in keinem Konzern mehr tätig, sondern als Assistentin der Geschäftsführung eines Tierschutzhauses glücklich und erfolgreich.

Der zweite Schritt: Ziele abstecken – Werte definieren

Steht die Vision, geht es darum, Ziele auf dem Weg zum großen Traum abzustecken. Wichtig dabei ist, dass es sich um realistische, klar umrissene Etappenziele handelt, die auch zeitlich exakt definiert werden. *„Was will ich bis zum Stichtag erreicht haben?"*, ist die Frage. Ob Sie die Position eines Kollegen übernehmen, im Unternehmen die erste Frau in einer bestimmten Funktion oder besser als der Experte der Konkurrenz sein wollen: Setzen Sie sich exakte Fristen – auch wenn der Weg dahin noch weit erscheinen sollte. Nur so können Sie zu gegebener Zeit kontrollieren, wie gut Sie gemäß Ihrer eigenen Strategie unterwegs sind.

Danach gilt es, die Ziele mit den eigenen Werten in Einklang zu bringen. Die Schlüsselfrage ist: *„Wie und in welcher Form möchte ich das alles erreichen?"* Wenn Sie nicht über Leichen gehen können und wollen, sondern gemäß Ihrer Natur sehr wertschätzend und respektvoll agieren, wird Sie eine Strategie des beinharten Konkurrenzkampfes nicht glücklich machen und auch nicht zum Erfolg führen.

Ich habe im vorderen Teil dieses Kapitels Nelson Mandela als Beispiel angeführt, da ich aufzeigen wollte, dass herausragende Werte meist ethisch korrekt sind. Natürlich ist das nicht immer so. Man findet in der Geschichte (und Gegenwart) auch genügend Wirtschaftsbosse und Visionäre, die alles andere als ethisch korrekt unterwegs waren und sind. Die eigene Ethik hat nicht zwingend etwas mit Werten zu tun. Es ist eine persönliche Entscheidung, wie man sich seiner Vision annähert. Solange sich alles im gesetzlichen Rahmen bewegt, ist die Bandbreite der eigenen Vorgehensweise vielfältig. Politiker sind ein gutes Extrembeispiel, wie „biegsam" ein Wertesystem sein kann, wenn es darum geht, bestimmte Ziele zu erreichen. Da wird auf der Strecke auch schon mal die politische Gesinnung geopfert, um auf Kurs zu bleiben. Ob diese Strategie des Erfolgs um jeden Preis ratsam und für die Betreffenden bereichernd ist, steht auf einem anderen Blatt Papier.

Der dritte Schritt: die Strategie

Nun sind Sie gewappnet, um Ihre Erkenntnisse in eine konkrete Strategie umzumünzen: Werden Sie sich klar, wer Ihr „Käufer" ist. Wer soll Sie einstellen und wer soll Ihr Gehalt zahlen? Um diese Fragen beantworten zu können, bedarf es einer systematischen Analyse der Wünsche von Arbeitgebern und des Arbeitsmarktes. Durch die Beantwortung dieser Fragen erkennen Sie, wo Ihr Erfolgspotenzial bzw. Ihre individuellen Chancen und Risiken am Arbeitsmarkt liegen.

In dieser Phase geht es um Details, die sehr konventionell recherchiert werden müssen: Wie/Wo hat man mit den eigenen Talenten und Fähigkeiten den besten/vielversprechendsten Zugang zu bestimmten Unternehmen? Wie sehen dort typische Karriereverläufe aus? Ist die Unternehmenspolitik mit meinen Werten kompatibel? Mit welchem Gehaltsniveau ist zu rechnen? Diese Informationen über potenzielle Arbeitgeber setzen sich zu einem guten Bild der eigenen realen Möglichkeiten zusammen.

Neben diesen Informationen ist es auch wichtig, die Eigenwahrnehmung einer ehrlichen Inventur zu unterziehen: Werden Sie sich klar darüber, welche Stärken und Schwächen Sie charakterisieren, um diese beim nächsten Karriereschritt aktiv zu nutzen oder zu verändern. Stärken sollten natürlich möglichst gut sichtbar gemacht und umgesetzt werden. Wenn Sie z.b. grafisch begabt sind, sollte sich das in Ihren Unterlagen/Bewerbungen möglichst eindrucksvoll widerspiegeln. Wenn Kommunikation eine Ihrer Stärken ist und das auch für Ihr Ziel wichtig ist, sollte das in Texten oder auch in jedem Gespräch erkennbar sein. Schwächen können in der Regel mit einem guten Netzwerk und Kontakten ausgeglichen werden – sofern man nicht eine Position anstrebt, in der sich gewisses Know-how nicht dauerhaft ausgliedern lässt. Schwächen im Bereich EDV können zum Beispiel in der heutigen Zeit nicht mehr problemlos gelebt werden, sondern müssen notgedrungen zu Stärken werden. Schwächen im Bereich Buchhaltung hingegen können von einem guten Steuerberater abgefedert werden. Behalten Sie Ihre Schwächen immer im Auge und nützen Sie Möglichkeiten, Unsicherheit, Unwissen oder Ungeübtheit entgegenzusteuern. Der verbreitetste Umgang mit Schwächen – sie dezent unter den Tisch zu kehren und am besten einen weiten Bogen darum zu machen – ist nicht sonderlich zielführend.

Eine meiner Klientinnen stellte einmal fest, dass ihr Umgang mit Zahlen eine große Schwäche ist. *„Doch dafür kenne ich viele Menschen, die sich auf diesem Gebiet hervorragend auskennen."* Meine Frage, wer denn letztlich die Endverantwortung für die Zahlen hätte, sorgte für große Augen – und eine spontane Erkenntnis: *„Ich denke, ich sollte mich hier thematisch fitter machen."*

Um eines klarzustellen: Jeder Mensch hat Schwächen. Oft spielen diese eine untergeordnete Rolle. Manche Visionen und Ziele erfordern jedoch auch ein gewisses Maß an persönlicher Entwicklung und die Bereitschaft, Wissenslücken zu füllen. Meistens geht es hierbei nicht darum, plötzlich zum Experten auf einem Gebiet zu werden, sondern lediglich um die Aneignung von Grundwissen, um in einem Verantwortungsbereich professionell agieren und delegieren zu können.

Der vierte Schritt: durchhalten und Verbündete suchen!

Selbst die beste Strategie geht nicht sofort auf. Starkes Durchhaltevermögen ist in vielen Fällen der Schlüssel zum Erfolg. Für viele mag das eine Binsenweisheit sein, aber letztlich trennt dieses Talent zur Hartnäckigkeit oft die Spreu vom Weizen und Erfolg von Misserfolg. Suchen Sie sich Helfer und Netzwerkpartnerinnen und nützen Sie vorhandene Ressourcen, die Ihre Strategie unterstützen. Will ich zum Bespiel im Gesundheitsbereich etwas verändern, sollte ich jedem Netzwerk beitreten, das sich mit diesem Thema beschäftigt, jede Veranstaltung besuchen, die sich damit auseinandersetzt, und möglichst viele Expertinnen treffen, die mit dem Thema zu tun haben. Machen Sie sich eine Liste über Möglichkeiten und durchsuchen Sie Ihre sozialen Netzwerke nach „passenden" Kontakten. Treffen Sie sich mit Menschen und bieten Sie konkrete Vorhaben oder Ideen an.

Eine Klientin wollte ein Buch schreiben. Es war eine langjährige Herzensangelegenheit von ihr und sie wusste auch schon genau, worum es gehen sollte. Sie traf sich mit Bekannten, die selbst schon Bücher geschrieben und veröffentlicht hatten, und holte sich Tipps. Dazu recherchierte sie im Internet und in anderen Quellen, wie Autoren das Abenteuer „eigenes Buch" angegangen sind. Kurzum: Sie nutzte alle verfügbaren Ressourcen, um an Informationen zu gelangen.

Ähnlich verhielt es sich mit einer Klientin, die als Vortragende arbeiten wollte. Ich riet ihr nach der Zieldefinition, ihre Kontakte zu durchforsten und Leute anzusprechen, die bereits Vortragende sind. *„Erkundigen Sie sich nach den Rahmenbedingungen für Vortragende, recherchieren Sie, wie Sie sich bewerben können, und fragen Sie Ihre Kontakte nach Ihren Erfahrungen in dieser Tätigkeit."* Will jemand unbedingt in die Politik oder zu einem bestimmten Konzern, empfehle ich die gleiche Vorgangsweise.

Um aber noch einmal Madonna als Paradebeispiel für konstruierten Erfolg zu bemühen: Ihren Aufstieg zum Weltstar absolvierte sie nicht alleine. Sie hatte dabei Stylistinnen, Choreografen, Manager und viele andere Spezialistinnen an ihrer Seite. Wichtig ist auch Strategien für Außenstehende nachvollziehbar zu „leben". Ihr Wille, das gesteckte Ziel zu erreichen, sollte für andere greifbar und erlebbar sein und eine Art „Konstante" auf ihrem Weg werden.

Von einer Klientin erhielt ich in der Umsetzungsphase eine schöne Metapher dafür: Sie meinte, sie sei dabei, alles in ihrem Umfeld neu zu „sortieren", und plötzlich fühle sich alles klarer und gezielter an. Diese Aussage bringt es auf den Punkt: Strategie gibt Klarheit und Transparenz in komplexen Situationen.

Sie hatte ihre Kontakte sortiert, ihre Zeiteinteilung angepasst und genau eingeteilt, hat ihre Abende damit verbracht, ihre Kontakte zu treffen und ihre Unterlagen nach der vorgegebenen Vorgehensweise überarbeitet. Sie hatte eine Richtung und danach handelte sie.

Das ist ungefähr wie bei einer Ernährungsumstellung. Sie entscheiden sich dafür, Vegetarierin zu werden, und werden

Ihre Umgebung danach ausrichten. Ihre Einkaufsliste verändert sich, Ihr Essverhalten natürlich auch, ebenso Ihre Kommunikation nach außen. Sie gehen in eine Richtung und alles wird danach verändert.

Zwischenstopp: hinterfragen, evaluieren und nicht entmutigen lassen

Auch wenn Strategien meistens über längere Zeiträume ihre prinzipielle Gültigkeit behalten, ist es doch auch wichtig, von Zeit zu Zeit zu überprüfen, wie angemessen der seinerzeit angepeilte Weg ist und ob eine Planänderung ratsam ist. Wieder dient Madonna hier als Paradebeispiel. Mal brav, mal sexy, mal unnahbar spielte sie in regelmäßigen Abständen ganz bewusst mit der Veränderung, setzte Trends und festigte so ihren Status als Weltstar.

Sich ständig völlig neu zu erfinden sollte für Karrieren, die sich außerhalb der Unterhaltungsindustrie bewegen, nicht zur Regel werden – aber sinnvolle Kurskorrekturen sind von Zeit zu Zeit nicht nur empfehlenswert, sondern oft sogar notwendig. Eine Kundin aus der Baubranche kam vor Jahren zu mir. Damals hatte die Branche einen schmerzhaften Einbruch erlebt. Ihr Ziel war es, in eine gehobene Führungsposition zu kommen. Zu dieser Zeit war das in diesem Bereich als Frau schwer bis unmöglich. Also machte sie sich gedanklich auf die Suche nach anderen Branchen, in denen sie sich vorstellen konnte tätig zu sein. Sie wurde fündig und bewarb sich für eine Stelle, die von Status und Möglichkeiten her ähnlich war wie ihre bisherige Position. Mittlerweile ist sie erfolgreich und natürlich schon mitten dabei, viele neue Ziele zu erreichen. Ähnliches ist bei manchen Studentinnen zu beobachten: Sie wechseln während des Studiums die Bereiche, weil sie sich erst in der Auseinandersetzung mit dem jeweiligen Thema bewusst werden und erkennen, dass sie manches ihren Zielen nicht näher bringt. Änderungen der eigenen Lebenssituation oder gravierende Ereignisse in der Branche oder Wirtschaft erfordern eine gewisse Flexibilität dafür, die Strategie anzupassen, um offen für Situationen und Gelegenheiten zu bleiben, die den eigenen Zielen und der Vision dienlich sind.

Es gibt ein sehr schönes Zitat von Perikles, das gut auf den Punkt bringt, worum es bei Strategien geht: *„Es kommt nicht darauf an, die Zukunft zu wissen, sondern darum, auf die Zukunft vorbereitet zu sein."*
Versehen Sie Ihre Ziele mit einem messbaren Erfolgsfaktor, an dem Sie sich objektiv orientieren können. Damit können Sie unterwegs feststellen, ob Sie noch „auf dem Weg" sind. Wie dieser Erfolgsfaktor aussieht, hängt vom jeweiligen Ziel ab. Sie können dazu einen bestimmten Umsatz als Maß nehmen oder die Zugehörigkeit zu einem bestimmten Netzwerk. Sie können auch festlegen: Ich habe mein Ziel erreicht, wenn ich in einer bestimmten Fernsehsendung zu Gast bin. Aber achten Sie darauf, dass Sie die Latte nicht unrealistisch hoch legen. Lieber kleinere Schritte zügig gehen, als auf dem Weg zu einem weit entfernten Ziel die Motivation verlieren.

Tappen Sie nicht in die Miesmacher-Falle!

Sicherlich kennen Sie auch Menschen, die immer einen Grund parat haben, warum irgendetwas „nicht geht" oder „nicht funktionieren kann". Auch wenn es sich um enge Freundinnen, Partner oder Familienmitglieder handelt, die einem wohlgesonnen und verbunden sind, sollte man sich durch solche Aussagen nicht entmutigen lassen. Es handelt sich um subjektive Perspektiven jener Personen, die nur sehr wenig mit Ihnen zu tun haben. Vorhaben werden aus der Warte von jemand anderem, der über ganz andere Voraussetzungen, Talente und Möglichkeiten verfügt, sehr schnell zu etwas Absurdem, das derjenige nie im Leben in Angriff nehmen würde. Mit diesem Hintergrund sollten Sie auch derartige Ratschläge sehen. Ansonsten laufen Sie Gefahr, dass Sie unnötig Energie verlieren, die Sie für die Umsetzung der eigenen Vision verwenden könnten.

Wer die Biografien erfolgreicher Menschen aufmerksam liest, wird diesen energieraubenden, guten Ratschlägen überall begegnen. Hinter den meisten davon steckte echte Sorge und Angst. Beides diente den Empfängern wenig. Im Idealfall sind Einwände – wie z.B.: „*Was du dir da vornimmst, ist unmöglich zu schaffen*", „*Keiner aus unserer Familie hat so etwas je geschafft*", oder „*Ich glaube, du bist größenwahnsinnig. Bleibe doch bitte mal auf dem Boden!*" – ein Ansporn, es „erst recht" allen zu zeigen. Doch so unmöglich, wie andere Ihre Ziele sehen, sind diese gar nicht. Es sind lediglich Vorhaben, die andere aus ihrer eigenen Perspektive einschätzen und sich selbst – zu Recht – nicht zutrauen würden. Halten Sie sich das am besten immer vor Augen, wenn Sie derartigen gut gemeinten Ratschlägen begegnen. Es ist Ihr Weg und Ihr Leben!

Eine meiner Klientinnen wurde durch solche Ratschläge beinahe komplett aus der Bahn geworfen. Sie hatte Probleme mit der Umsetzung ihrer Strategie bei ihrer Unternehmensgründung, da ein überproportionaler Bezug zur familiären Vergangenheit – ein Firmenkonkurs – vorhanden war, der sie daran hinderte, positiv in die Zukunft zu blicken. „*Das geht nicht. Das habe ich schon einmal probiert und es hat nicht geklappt*", war eine typische Aussage. Das sagten ihr auch viele Freunde und schon war es um den Glauben an die eigene Vision geschehen.

Immer wenn ich dieser Situation im Rahmen von Beratungsgesprächen begegne, lasse ich mich wenig von den Einwänden beeindrucken. Denn ein Scheitern in der Vergangenheit ist meistens darauf zurückzuführen, dass ein Weg vielleicht angedacht und ausprobiert, aber nicht in letzter Konsequenz beschritten wurde. In vielen Fällen werden auch falsche Ressourcen wie z.b. falsche Netzwerke, falsche Personen, die einem Unterstützung anbieten, aber dann ihr Angebot nicht in die Tat umsetzen, oder auch falsche Berater eingesetzt. Das sind alles keine Gründe, um es in einem neuerlichen Anlauf nicht besser und strategisch klüger anzugehen.

Das fatale Muster in dem erwähnten Fall war übrigens eine zu euphorische Herangehensweise mit unrealistischen Vorgaben – ein Businessplan, der mit der Realität nichts zu tun hatte, und Berater, die das nicht erkannt hatten – und das unweigerliche Verzweifeln auf der Hälfte der Strecke, weil man die eigenen Erwartungen nicht erfüllen konnte. Wir zäumten die Situation in bewährter Manier neu auf: Analyse, Strategie, Vorgehensweise, Plan, Durchhalten und Evaluierung führten letztendlich zum gewünschten Erfolg – allen gut gemeinten Warnungen zum Trotz.

Was unterscheidet bei Strategien Männer von Frauen? Für viele Männer sind Strategien nicht unbedingt etwas Neues. Die meisten haben bereits eine und leben danach – auch wenn sie das selbst nicht als „Strategie" bezeichnen würden. Aus männlicher Sicht ist das eher ein „Fokus", der langfristig konsequent verfolgt wird. Nur wenige Männer wechseln im Laufe ihres Berufslebens den Fokus und gehen einen neuen Weg.

Der typisch männliche Lebenslauf

Ich habe im Laufe der Jahre sehr viele Lebensläufe in der Hand oder auf dem Bildschirm gehabt. Die meisten Männer haben einen klassischen „Schritt für Schritt"-Lebenslauf: Sie durchlaufen in einem Unternehmen nach dem Start als Assistent oder einfacher Mitarbeiter die Stufen bis zur Projektleitung. Dann steigen sie entweder innerhalb des Unternehmens auf oder wechseln nach etwa fünf Jahren branchenintern den Arbeitgeber. Dabei erklimmen sie eine weitere Hierarchiestufe und landen nach einer Führungskräfteweiterbildung in der ersten Führungsebene. Danach geht es Stufe für Stufe weiter, bis sie einen Level erreicht haben, auf dem sie Freizeit und Job in Einklang bringen können.

Nicht jeder Mann plant eine Führungskarriere, aber vielen passiert es einfach. Dabei kommt Männern unweigerlich zugute, dass sie ohne Unterbrechung im Berufsleben stehen und keine kinderbedingten Pausen von zwei bis drei Jahren haben. Dadurch ist es leichter, den Fokus zu behalten. Wenn Männer Familienverantwortung haben, ist das für sie ein weiterer Grund, um auf eine kontinuierliche Vorgehensweise zu achten. Väter setzen in der Regel auf Sicherheit und machen keine gewagten Experimente.

Ein weiterer großer Unterschied: Männer bilden sich effizienter weiter. Sie eignen sich ausschließlich Wissen an, das sie tatsächlich für den Aufstieg zur nächsten Stufe benötigen. Oder anders gesagt: Wenn es nicht wirklich sein muss, setzen sich Männer nicht in Kurse. Dazu ist ihr Denken zu sehr auf Effizienz ausgerichtet. Ihr Motto, das ihnen im Laufe der Jahrhunderte gute Dienste geleistet hat: *Tu das Richtige zum richtigen Zeitpunkt. Nicht mehr und nicht weniger.*"

Der typisch weibliche Lebenslauf

Schauen wir uns im Gegensatz dazu den typischen Lebenslauf von Frauen an. Dieser gestaltet sich in Relation zu den typisch männlichen Karriereabläufen sehr variabel. Die Geradlinigkeit der ersten Schritte im Berufsleben endet abrupt mit der Geburt des ersten Kindes. Ein großer Anteil – rund 70% – entscheidet sich dafür, die ersten ein bis zwei Jahre zu Hause zu bleiben. In dieser Zeit machen Frauen oft noch ein paar Ausbildungen, während sie andenken, wie es nach Ende der Karenz weitergehen könnte. Frauen können im Vergleich zu Männern rund 40% mehr Ausbildungen vorweisen, die nicht immer etwas mit dem aktuellen Arbeitsbereich zu tun haben. Beim Wiedereinstieg in den Beruf wählen Mütter zumeist ein Teilzeitmodell mit 20 bis 30 Stunden. Meist ist es mit dieser Stundenanzahl nicht mehr möglich, den gleichen Job wie vorher auszuüben.

Wenn man Frauen in dieser Lebenssituation fragt, was sie wollen, antworten sie meistens: *„Einen Job, damit ich von zu Hause rauskomme, der mir aber genügend Zeit für meine Familie lässt."* Dieses „Doppeldenken" führt dazu, dass Frauen ihre Wiedereinstiegsjobs eher halbherzig absolvieren. Denn der Beruf wird für viele Frauen plötzlich zu einem „Mittel zum Zweck" degradiert. Keine Spur von „Spaß und Energie im Job" – selbst wenn Frauen wieder in einem Umfeld tätig sind, das sie vor der Rolle als Mutter erfüllt und beflügelt hatte.

Nach vier bis sechs Jahren starten Frauen dann wieder ernsthaft durch. Entweder als Selbstständige in einem ganz anderen Bereich oder einer neuen Branche oder in der vertrauten beruflichen Umgebung. Was suchen Frauen in dieser Lebensphase? Sie wollen etwas machen, das *„Sinn macht"*. Diesem Anspruch ordnen sie zumeist auch ihre Gehaltsvorstellungen unter. Wichtiger ist, dass die Kollegen nett sind, der Arbeitsplatz bequem erreichbar ist und dass die Verantwortung nicht zu groß ist, damit der Zeitaufwand in einem überschaubaren Rahmen bleibt. Das klingt jetzt für manche vielleicht ein bisschen hart. Damit haben Sie recht. Es gibt natürlich Ausnahmen. Dennoch ist das derzeit aus meiner Sicht die reale Situation vieler Frauen. Wäre es anders, hätten wir längst mehr Frauen in Führungspositionen oder als Fachexpertinnen in Organisationen. Stattdessen klagen Unternehmen über Zwanzig-Stunden-Kräfte, die ihnen, wenn die Balance zwischen Vollzeit und Teilzeit nicht vorhanden ist, wirtschaftliche Einbußen im Unternehmen bringen und weitaus weniger Führungsfreude und -verantwortung an den Tag legen wie Vollzeitarbeitskräfte im vergleichbaren Zeitraum. Die angesprochenen Frauen jammern darüber, dass sie durch Meetings hetzen und, wenn sie um 13 Uhr das Büro verlassen, eigentlich nur das Notwendigste erledigen konnten. Die Vollzeit-Kolleginnen beklagen sich darüber, dass sie die Arbeit der Teilzeitkräfte miterledigen müssen. Natürlich sind Teilzeitkräfte oft auch effizienter, weil sie sich ausschließlich auf die Arbeit konzentrieren. Aber sie sind auch gehetzter und es fehlt ihnen Zeit, sich mit dem Hinaufkommen zu beschäftigen.

Das sind keine aus der Luft gegriffenen Aussagen, sondern ein Stimmungsbild aus realen Unternehmen und von realen Menschen, denen ich tagtäglich im Rahmen meiner Arbeit begegne.

Versuchen Sie also nicht alles alleine zu machen, Kinder, Familie, Job, Haushalt und Freizeitgestaltung. Lernen Sie abzugeben und auch Ihren Mann in die Verpflichtungen einzubinden. Eine Führungsfrau hat einmal zu mir gesagt: *„Kommen Sie weiter nach oben, können Sie es sich leisten, jemanden putzen zu lassen und den Garten zu pflegen."* Das ist doch erstrebenswert! Schreien Sie also nicht immer „hier", sondern lassen Sie jemanden anderen organi-

sieren. Sie sind nicht alleine auf der Welt. Verantwortung ab-
zugeben ist eine schwere Übung, denn man muss darauf ver-
trauen, dass andere die Aufgaben auch gut erledigen. Lernen
Sie es – es bringt Ihnen viel Erleichterung, ein entspannteres
Leben und Sie können sich auf jene Dinge konzentrieren, die
Ihnen wirklich am Herzen liegen.

Strategie macht den Unterschied

Vor Kurzem hatte ich ein Gespräch mit einer sehr sympathi-
schen Führungsfrau, die sich seit Jahren als Teamleiterin in
einer männerdominierten Branche behauptet. Ich wollte von
ihr wissen, wie sie das geschafft hat.

*„Ich habe meine Karriere ganz jung begonnen – ganz
unten im Unternehmen. Mein Plan war es immer, es nach
oben zu schaffen, um einerseits gut zu verdienen und andererseits um Verantwortung zu übernehmen. Ich bin ein
kommunikativer Mensch und es war mir immer ein verantwortungsvolles Anliegen, Menschen zu führen. Schritt
für Schritt bin ich nach oben gekommen, was von meinen
männlichen Kollegen äußerst kritisch beäugt wurde. Damals war das alles andere als üblich, dass Frauen so in hö-
here Positionen strebten.*

*Dann wurde ich 30 und heiratete. Meine Kollegen mut-
maßten in freudiger Erwartung, dass ich jetzt dann wohl
bald andere Prioritäten haben würde. Sie hatten mich gewaltig unterschätzt. Ich hatte eine sehr offene und authen-
tische Gesprächsbasis mit meinem Mann und hatte auch
meine beruflichen Pläne von Anfang an mit ihm besprochen. Ich wollte Kinder – und trotzdem meinen beruflichen
Weg nach oben fortsetzen. Er unterstützte mich – unter*

anderem, weil er auch selbst Karriere machen wollte und genau wusste, was mir vorschwebte und was mich antrieb. Ich wurde schwanger und wir hatten geplant meine Tochter nach sechs bis zwölf Monaten in eine Betreuung zu geben. Während dieser Auszeit nahm ich immer am Firmengeschehen teil und besprach mit meinem Vorgesetzten sehr konkret die Schritte für meinen Wiedereinstieg. Ich hatte klare Vorstellungen darüber, wann ich zurückkommen wollte und wie ich die Auszeit nutzen würde, und teilte ihm das auch mit. Auf meinen Vorschlag hin blieb ich auf dem Mailverteiler der wichtigsten Projekte und blieb in alle Entscheidungen und Abläufe involviert. Weihnachtsfeiern oder andere Events waren Pflichttermine für mich.

Für den Zeitpunkt meines Wiedereinstiegs war immer klar, dass ich wieder Vollzeit arbeite. Obwohl mein Vorgesetzter anfangs sehr skeptisch war, konnte ich ihn bald davon überzeugen, dass das ohne Abstriche möglich ist. Natürlich war es nicht immer einfach – aber es war machbar. Meine Tochter ist mittlerweile 19 Jahre und sie hat mir nie einen Vorwurf gemacht, dass ich damals meinen Weg so konsequent gegangen bin. Im Gegenteil: Sie ist sehr stolz auf mich und hat auch in der Schule immer sehr stolz über meinen ‚etwas anderen‘ Weg erzählt.

Die männlichen Kollegen waren eine Herausforderung, aber weitaus schlimmer war der Tratsch der weiblichen Belegschaft. ‚Rabenmutter‘ war noch eine der freundlicheren Bezeichnungen, mit denen ich bedacht wurde. Viele sahen mich als verbissene Karrierefrau, die keine Rücksicht auf ihr Kind nimmt.

Mittlerweile bin ich – man höre und staune – im Unternehmen ein Vorbild für andere Frauen. Umso trauriger bin ich darüber, wie viele Frauen sich noch immer dafür entscheiden, schlechter zu verdienen, und sich mit Jobs weit unter ihren Möglichkeiten begnügen.“

Was halten Sie von den Erfahrungen einer Führungskraft, die sich vor 25 Jahren dafür entschieden hat, einen Plan – also eine Strategie – zu haben? Natürlich habe ich auch gefragt, ob sie manchmal ein schlechtes Gewissen hatte, wegen ihrer Tochter. Sie hatte es, weil sie eben auch von der Umgebung permanent damit konfrontiert wurde. Sie hatte sich aber nicht unterkriegen lassen und sich auch viel mit ihrem Mann darüber ausgetauscht, der sie darin bestärkte, ihren Weg durchzuziehen.

Jetzt kommt vielleicht Ihr Einwand, *„mein Mann sieht das etwas anders"*. Ja, aber das liegt auch an Ihnen. Das hat auch die Führungsfrau bestätigt, von der ich gerade erzählt habe. Sie nahm ihren Mann mehr in die Verantwortung mit hinein und sie teilten sich die Rollen und Aufgaben klar auf. Sie forderte ein und hielt sich an ihre Vereinbarungen. Auch wenn ihr Mann manches nicht immer so umsetzte, wie sie sich das vorgestellt hatte. Dieses „Abgeben" musste sie einfach lernen.

Es ist schwierig, alles unter einen Hut zu bringen, das stellt niemand infrage. Doch es liegt an Ihnen, wie Sie es betrachten: *„Ich habe zu wenig Zeit für meine Kinder"*, oder *„Ich habe viel bewusste Zeit mit meinen Kindern und vermittle ihnen dies auch"*. Es gibt Eltern, die viel Zeit mit ihren Kindern verbringen, aber das sagt nichts über die Qualität des Zusammenseins aus.

Oft erlebt und von meiner Seite schwer zu verstehen ist es, wenn Frauen während der Schwangerschaft bereits ganz auf das Kind reduziert werden und auch selbst kein anderes Thema mehr kennen. Natürlich ist es etwas Einzigartiges, ein Kind zu bekommen, das das Leben durchaus auf den Kopf stellt. Doch jedes Thema hat seinen Rahmen. Wer im Beruf jedes Gespräch auf die Familie und die persönliche Situation lenkt, wird auch in Zukunft so wahrgenommen, dass ihm nur dies wichtig ist. Ein Kind ist keine lebenslange

Krankheit, die gepflegt werden muss, sondern ein Mensch, der selbstständig werden und sein eigenes Leben leben soll. Kinder sind ein natürlicher Teil Ihres Lebens, schaffen Sie den geeigneten Raum für sie. Lassen Sie sich aber auch selbst Raum, denn irgendwann sind die Kinder aus dem Haus und dann brauchen Sie ohnedies ein eigenes Leben.

Mit diesem Kapitel wollte ich Ihnen vor allem eines vor Augen führen: Wer einen Plan für sein Leben hat und diesen konsequent verfolgt, kommt weiter und nach oben. Dabei spielt es keine Rolle, ob Sie sich dafür entscheiden, eine Fachkraft zu sein oder eine Führungspersönlichkeit. Am Ball zu bleiben und seine Ziele umzusetzen ist in jedem Bereich wichtig – egal ob als Sportlerin, Musikerin, Künstlerin oder Mitarbeiterin.

Finden Sie „Ihren" Erfolg!

Vielleicht denken Sie sich jetzt: *„Erfolg bedeutet für mich nicht zwangsläufig viel Geld zu verdienen oder groß Karriere zu machen."* Ich stimme Ihnen zu: Erfolg ist für jeden Menschen etwas anderes und das ist auch ganz wichtig. Jeder definiert „seinen" Erfolg anders. Aber wie auch immer „Ihr" Erfolg aussieht: Sie werden ihn nur erreichen, wenn Sie am Ball bleiben!

Erinnern Sie sich nur einmal daran, was Sie Ihren Kindern vermitteln: *„Klavierspielen lernst du nur, wenn du übst, übst, übst! Nicht einmal, sondern immer!"* Wenn Sie Läuferin sind, werden Sie wissen, dass man nicht „ein bisschen" Marathon laufen kann, sondern nur ganz oder gar nicht. Wenn Sie das durchziehen wollen, haben Sie ein Ziel und brauchen einen Trainingsplan – oder anders gesagt, eine Strategie.

Warum betone ich dieses Thema immer wieder? Meine Erfahrung ist, dass Frauen oft keinen Plan haben, weil sie sehr oft Rücksicht auf andere nehmen. Alle anderen kommen vorher und sind wichtiger. Diese Einstellung macht es immens schwierig, gezielt den eigenen Weg zu gehen. Werden Sie ruhig ein wenig egoistisch und machen Sie einen Plan für Ihr Leben. Auch wenn Sie nicht vorhaben sollten die Welt auf den Kopf zu stellen – nehmen Sie in Kauf, dass Sie die Welt der Menschen um Sie herum ein bisschen auf den Kopf stellen, wenn Sie sich selbst gestatten eigene Ziele für *Ihr* Leben zu haben.

Fragen, die Ihnen bei der Erstellung Ihres Lebensplans helfen

→ Was will ich erreichen?

→ Was ist meine Vision?

→ Mit welchen Werten möchte ich meine Vision erreichen?

→ Welche Etappenziele möchte ich erreichen?

→ Was soll danach anders sein und wie werde ich bemerken, wann es so weit ist?

→ In welchem Zeitrahmen will ich meine Ziele erreichen?

→ Welche Einflussfaktoren begleiten mich auf dem Weg zur Zielerreichung?

→ Welche davon sind positiv, welche negativ und welche neutral?

→ Wer kann mich bei meinem Vorhaben unterstützen?

→ Wer könnte mir schaden?

→ Was ist das Schlimmste, das passieren kann, wenn ich mein Ziel nicht erreiche?

→ Wer oder was unterstützt mich dabei, am Ball zu bleiben?

→ Wer oder was hält mich davon ab?

KAPITEL 4

Kommunikation – die nicht genutzte Ressource

Kommunikation würden viele instinktiv als Stärke von Frauen einschätzen. Doch die evolutionär bedingte Neigung zum weiblichen Viel- und Gernsprechen sagt wenig über die Art und Weise der Kommunikation aus. Ganz im Gegenteil: Frauen haben oft große Probleme damit, auf den Punkt zu kommen und Forderungen klar und unmissverständlich anzusprechen. *„Wie drücke ich das, was ich haben möchte, am schnellsten und gezielt aus?"* Diese Frage wird uns im Laufe dieses Kapitels beschäftigen.

Wer auf den Punkt kommt, gewinnt

Frauen tendieren in der Kommunikation oft dazu, Dinge zu detailliert zu erklären und ausschweifend darzustellen – ein Umstand, der in Gesprächen bei männlichen Teilnehmern oft vielsagendes Augenverdrehen hervorruft oder dazu führt, dass die Aufmerksamkeit des Gegenübers verloren geht. Kein Wunder: Männer ticken in der Kommunikation völlig anders. Sie sprechen klarer aus, was sie möchten und was ihr Ziel für das aktuelle Gespräch ist. Gleichzeitig haben sie ein untrügliches Gespür für Rangordnungen, was gerade in der direkten Kommunikation sehr hilfreich ist.

Beobachten Sie doch einmal eine Sitzung aus dieser „Rangordnungs"-Perspektive: In den ersten fünf bis zehn

Minuten tauschen sich die Männer in einer speziellen Mischung aus humorvollem – fast schon balzartigem – Geplauder untereinander aus. Danach richten sie das Wort meist an eine Person. Frauen hingegen wollen in der Kommunikation immer möglichst alle Anwesenden erreichen. Sie wollen alle mit ihren Argumenten überzeugen und vergessen dabei, dass es in Meetings oder geschäftlichen Gesprächen Unterschiede in der Gesprächsrangordnung gibt.

Was unterscheidet also Männer und Frauen? Männer verschaffen sich in der ersten Phase einen Überblick über die vorherrschende Rangordnung, machen das „Leittier" bzw. den „Entscheider" aus und senden danach gezielt Information an diese Person. Dadurch passiert es oft, dass Männer Dinge mit einem Augenzwinkern klären, während sich Frauen ohne Erfolgsgarantie den Mund fusslig reden – und damit vielleicht noch ihre Position verschlechtern.

Probieren Sie einmal Folgendes:

- Beobachten Sie in der nächsten Sitzung oder bei einem Gespräch in der Familie bewusst das Verhalten der Männer.
- Finden Sie heraus, wer an diesem Tisch und zu diesem Zeitpunkt die „Leitfigur" ist.
- Richten Sie anschließend das Wort und Ihr Anliegen an diese Person.

Die Chancen stehen gut, dass Sie mehr Aufmerksamkeit und Zustimmung bekommen und Ihr Anliegen plötzlich Rückenwind erhält.

Versuchen Sie klar und in kurzen Sätzen zu sprechen und – ganz wichtig! – definieren Sie für sich vor dem Gespräch Ihr Ziel, z.B. *„Ich möchte im Laufe des Gesprächs die Zusage erhalten, einen neuen Mitarbeiter einstellen zu dürfen"*, oder *„Ich möchte im Laufe des Gesprächs mehr Klarheit für meine Rolle und Aufgabe gewinnen"*.

Männer kommen im Gespräch eher dann in Fahrt, wenn

es um Status und Selbstdarstellung geht. Dreht sich das Gespräch jedoch um die Erreichung von Zielen oder Führungsaufgaben, wird ihre Kommunikation sehr direkt, klar und kurz. Frauen bleiben auch bei diesen Themen meist ausschweifend und verlieren dadurch den Faden. Viele von ihnen gehen zudem oft ohne klares Ziel in solche Gespräche. Ein Ziel ist aber das Um und Auf in einem Gespräch, das dazu dienen soll, etwas Bestimmtes zu erreichen.

Bei einem Kundinnenerstgespräch war ich vor Kurzem sehr irritiert, weil eine sehr toughe Managerin von mir wissen wollte, was mein Ziel für dieses Gespräch ist. Das war mir zuvor in dieser Form noch nie im Gespräch mit einer Frau passiert. Bei Männern ist es meist einfacher, weil beiden Parteien immer klar ist, dass man miteinander arbeitet. Ich erzählte ihr sehr direkt von meinem Ziel, ihr ein Konzept zeigen zu wollen, mit der Absicht, dass sie dieses Konzept im Unternehmen umsetzt. Ihre Reaktion: *„Sehr gut. Jetzt weiß ich, wohin das Gespräch führen wird, und ich denke, wir wollen gemeinsam in die gleiche Richtung."* Es war für mich eine neue Situation von Frau zu Frau und das Gespräch hat mich positiv überrascht. Das Rangordnungsbeispiel soll Ihnen als Frau aufzeigen, wohin Sie in Sitzungen kommunizieren sollen und in welcher Art und Weise, damit Sie erfolgreicher Ihre Projekte oder Anliegen umsetzen können.

Das Gegenüber als entscheidender Faktor

Um Ihnen zu helfen, ein paar klassische Kommunikationsfallen zu umgehen, möchte ich hier einige grundlegende Aspekte der Kommunikation aufzeigen:

Damit Kommunikation stattfinden kann, müssen zumindest zwei Personen beteiligt sein. Was uns dabei selten bewusst ist: Wir haben es immer mit einem Gegenüber zu tun, das seine persönliche Geschichte und Erfahrungen mit sich herumträgt.

Jeder von uns neigt dazu, Menschen aufgrund ihres Verhaltens und ihres Aussehens – aber auch aufgrund der eigenen Erfahrungen, Einstellungen und Glaubenssätze – zu „schubladisieren". Sie kennen die gängigsten Klischees: Blonde sind dumm, Rollstuhlfahrer sind auch geistig behindert, ungeschminkte Frauen mit kurzen Haaren und naturfarbener Kleidung sind Feministinnen und Alternative, Schwarze sind Drogendealer, Porschefahrer sind reich, Golfspieler haben keine Sex mehr. Wir machen uns im wahrsten Sinne des Wortes „ein Bild". Dabei kann es schon einmal vorkommen, dass uns eine Neubekanntschaft auf Anhieb unsympathisch ist – vielleicht nur, weil sie eine außergewöhnliche Ähnlichkeit mit Tante Erika hat, die uns als Kind das Leben schwer gemacht hat. Das alles läuft natürlich unbewusst ab.

Genau nach demselben Schema macht sich unser Gegenüber ein Bild von uns. Dabei wird alles einbezogen, was gerade an „Kommunikation" ausgetauscht wird: Was gesagt wird, was mit unserer Körpersprache gezeigt wird und was emotional gespürt wird. Wir kommunizieren natürlich auch dann, wenn wir nicht sprechen. Oder – um ein bekanntes Zitat zu verwenden – „wir können nicht nicht kommunizieren".

Stellen Sie sich zwei Menschen vor, die sich einander zuwenden: Diese zwei Personen sehen einander nur an, ohne etwas zu sagen. Was nimmt einer am anderen wahr? Gesichtsausdruck, Kleidung, Haare, Mimik, Körperhaltung. Was leiten beide aus diesen Informationen ab? Es wird interpretiert – übrigens eine Disziplin des menschlichen Zusammenlebens, in der Frauen in der Regel weltmeisterliche Qualitäten an den Tag legen. Da Frauen vorsichtiger, sehr selbstreflektiert und analytisch sind, glauben sie sehr oft, ihr

Gegenüber gut zu verstehen. Sie fragen seltener und interpretieren sehr oft. In meinen Seminaren haben mir das Frauen bestätigt.

Mit Führungskräften mache ich besonders gerne die Übung „Wahrnehmen": Zwei relativ unbekannte Menschen sitzen sich gegenüber und beschreiben schriftlich, was sie am jeweils anderen beobachten. Relevant ist alles, was man sieht oder was man glaubt zu sehen. Nach dieser Übung teilen sich die zwei Teilnehmer ihre aus der bewussten Beobachtung gewonnenen Erkenntnisse mit. Meist stimmt die Wahrnehmung der Frauen zu 90% mit der Realität überein. Bei Männern ist die Trefferquote in der Regel geringer. Frauen sind nach dieser Übung besonders stolz auf ihr „Gespür". Ich stimme ihnen zu und erkläre dabei auch, dass Frauen mehr Empathie und Aufmerksamkeit in der Kommunikation haben. Leider verlassen sich Frauen sehr oft auf diese „Spezialbereiche" und interpretieren dadurch viel mehr.

Gezielter wäre es aber, um Missverständnisse zu vermeiden, die Wahrnehmungen und Einschätzung des anderen hin und wieder zu hinterfragen. Immer wieder sitzen Führungsfrauen bei mir und erzählen mir, was sie über ihre Mitarbeiter so alles „wissen". Nach einigen Fragen komme ich meist dahinter, dass es sich lediglich um Annahmen handelt – von Fakten keine Spur. Für Frauen ist die Interpretation gleichzeitig die Realität. Männer achten nicht so sehr auf ihre Wahrnehmung, sondern stellen gezielter Fragen, um auf den Punkt zu kommen, oder fragen erst gar nicht, weil es sie zu wenig interessiert.

Fazit: Frauen wollen meist mehr über andere Menschen wissen als Männer, beobachten daher besser und ziehen daraus ihre Schlüsse. Trotzdem verzichten sie oft auf die eine oder andere Frage, die es ihnen erlauben würde, etwas „wirklich" zu wissen – anstatt nur anzunehmen oder zu vermuten.

Die Kraft von Ich-Botschaften

Kommen wir zurück zu der Übung mit den zwei Personen: Sobald sich die beiden Teilnehmerinnen zum ersten Mal sehen, entsteht in beiden ein Bild von ihrem jeweiligen Gegenüber.

Schlüpfen Sie gedanklich in die Haut einer der beiden Personen: Zufällig lässt Ihr Gegenüber die Schultern hängen und schaut ein wenig traurig. Was ist Ihre Interpretation? Möglicherweise geht es ihm oder ihr nicht wirklich gut. Irgendetwas drückt wohl auf die Seele. Doch da beginnt ihr Gegenüber plötzlich zu sprechen und erzählt lachend und kichernd von einem witzigen Erlebnis. Hm, das ist das genaue Gegenteil Ihrer ursprünglichen Wahrnehmung. Da müssen Sie sich wohl geirrt haben. Wer so positiv redet, kann gar nicht schlecht drauf sein. Oder doch?

Durch unseren meist sehr dichten Terminkalender und der Einfachheit halber vertrauen wir in der Regel eher den gesagten Worten unseres Gegenübers und nehmen uns nicht die Zeit, die Haltung des anderen bewusst wahrzunehmen und zu beobachten. Was können wir verändern, um unserer Beobachtung zum richtigen Zeitpunkt Raum zu geben und festzustellen, was Sache ist? Am einfachsten ist es, man stellt eine gezielte Frage: *„Das klingt nach einem wirklich lustigen Wochenende. Ich beobachte, dass du die Schultern hängen lässt, und du wirkst auf mich ein wenig traurig. Ist alles in Ordnung mit dir?"* Durch das Spiegeln meiner Beobachtung und gleichzeitig das Hinterfragen der eigenen Interpretation geht man den Dingen erstens tatsächlich auf den Grund, statt nur zu raten, und gibt auch dem anderen mit Ich-Botschaften klare Signale. Was löst dieser Schritt im Normalfall beim anderen aus? Empathie – *„Aha, da nimmt mich jemand wichtig und beachtet mich."*

Mithilfe von Ich-Botschaften kann es gelingen, den anderen darauf aufmerksam zu machen, wie sein Verhalten erlebt wird und was es für einen selbst bedeutet – im positiven wie im negativen Sinn. Ich-Botschaften sind in Konflikt- oder kritischen Situationen sehr hilfreich, weil sie weit über eine sachliche Mitteilung hinausgehen. Sie sind eine ehrliche, offene, emotionale Äußerung, die die eigene Meinung und die dabei empfundenen Gefühle mitteilt.

Auf verschiedene Dinge sollten Sie allerdings achten, wenn Sie mit Ich-Botschaften arbeiten.

1. Beschreiben Sie das Verhalten oder das Geschehen aus Ihrer Wahrnehmung. Versuchen Sie sich vorzustellen, dass Sie die Situation durch eine Kamera hindurch beobachten. Das erleichtert es für Sie, während des Gesprächs beim Beschreiben zu bleiben und nicht sofort eine Interpretation oder eine Bewertung vorzunehmen. Auf gar keinen Fall sollten Sie Ihren Gesprächspartner oder dessen Charakter attackieren oder kritisieren.

2. Benennen Sie die erkennbaren und konkreten Konsequenzen für Sie selbst – Wirkung, Gefühle und Gedanken. Sprechen Sie über Ihre Gedanken und vor allem darüber, welche Gefühle diese bei Ihnen auslösen. Wichtig dabei ist, dass Sie erklären, welche Bedürfnisse oder Werte mit Ihren Gefühlen verknüpft sind. Begründete Informationen können besser akzeptiert werden.

3. Vervollständigen Sie Ihre Ich-Botschaft, indem Sie Ihrem Gesprächspartner eine Alternative anbieten. Formulieren Sie Ihre Wünsche und Erwartungen positiv, beschreiben Sie, welches realistische Verhalten und Handeln Sie sich erwarten, aber überlassen Sie dennoch Ihrem Gesprächspartner die Entscheidungsfreiheit.

Ein Beispiel für eine klare Ich-Botschaft: *„Herr Mayer, wir sind bereits seit zwanzig Minuten hier verabredet für unsere Budgetbesprechung. Ich bin verärgert und fühle mich nicht besonders wertgeschätzt. Für mich gehört Pünktlich-*

*keit zu einem respektvollen Miteinander und da mein Ter-
minkalender sehr voll ist, wäre es hilfreich für mich, wenn
ich mich auf Termine verlassen kann. Bitte rufen Sie mich
in Zukunft auf meinem Handy an, wenn Sie nicht pünktlich
kommen können, dann weiß ich zumindest, dass ich, anstatt zu warten, andere Dinge erledigen kann."*

Sprechen Sie über sich selbst und Ihre Wünsche, Bedürfnisse und Erwartungen, um Ich-Botschaften energie- und
kraftvoll zu formulieren. Das ist für viele Menschen im privaten Alltag schon schwierig – im Berufsalltag ist es noch
ungewöhnlicher. Menschen, die lernen, sich derart klar und
nachvollziehbar auszudrücken, fallen auf. Auch wenn das
vielleicht für manche ungewohnt ist, lernt man Klartext zu
schätzen. Wir alle können mit den Wünschen oder Forderungen anderer Menschen wesentlich besser umgehen, wenn
wir eine Ich-Begründung für die häufig hochemotionalen
Äußerungen bekommen.

Wer fragt, führt

Ich habe vorhin die Behauptung in den Raum gestellt, dass
Frauen sich oft mit Mutmaßungen zufriedengeben. Damit
laufen Frauen nicht nur Gefahr, in manchen Fällen gewaltig
daneben zu liegen – sie verlieren auch einen sehr wertvollen
Aspekt in der Kommunikation vor: Klarheit.

Tatsächlich kennen wir niemanden gut genug, um in
ihn oder sie hineinsehen zu können. Wir interpretieren das
Verhalten anderer, sehen aber nie den Grund dafür. Unser
„Bild" einer anderen Person ist ohne Rückfrage also immer
nur ein individuell erdachtes Konstrukt, das mit der Wirklichkeit oft wenig zu tun hat. Es enthält mehr von unseren
eigenen Erfahrungen und Weltbildern als von der Realität
der beobachteten Person.

Schauen wir uns noch ein Beispiel einer typischen Situation aus dem Alltag an, in der die Beteiligten verschiedene Interpretationen anwenden, damit wir diesen wichtigen Punkt besser verstehen können:

Die 13-jährige Tochter kommt nach Hause und knallt im Vorzimmer ihre Schultasche in die Ecke. Der Mutter platzt der Kragen. Hat sie nicht schon tausend Mal gesagt, dass die Tasche nicht ins Vorzimmer gehört, sondern ins Kinderzimmer?! Und trotzdem jeden Tag das gleiche Spiel. Zornig und resignierend schnappt die Mutter die Tasche und trägt sie nach oben.

Beide fühlen sich persönlich angegriffen. Die Mutter, weil sie von der Tochter scheinbar nicht ernst genommen und respektiert wird – die Tochter, weil sie sich unverstanden, kontrolliert und gemaßregelt fühlt.

Die Interpretation der Mutter: *„Das macht sie absichtlich, um mich zu ärgern und mir immer wieder vor Augen zu führen, dass in ihrem egoistischen Verhalten für die Bedürfnisse der Familie kein Platz ist. Ordnung und Sauberkeit sind wahrscheinlich zu spießig und langweilig für sie."*

So oder so ähnlich spielt sich das wahrscheinlich täglich in vielen Haushalten ab. Verwunderlicherweise bleibt es dabei fast immer beim Interpretieren. Die Frage *„Warum machst du das eigentlich so?"* wird so gut wie nie gestellt – zumindest nicht in einer Art und Weise, die ein konstruktives, wertschätzendes Gespräch nach sich zieht. Meist werden keine Ich-Botschaften ausgesendet, sondern Vorwürfe: *„Du bist nicht respektvoll mir gegenüber. Du achtest nicht auf meine Wünsche …"*

Stellen Sie sich die Szene noch einmal vor – mit anderem Verlauf: Nachdem die Schultasche erneut ins Eck fliegt, bleibt die Mutter ruhig, gibt ihrer Tochter Zeit, um zu Hause „anzukommen", und fragt sie dann ruhig: *„Warum ist es dir eigentlich so wichtig, dass deine Schultasche im Vorzimmer* steht?" – „Mama, du weißt doch, wie schwer ich morgens aus dem Bett komme. Im Morgentaumel bin ich immer ein wenig schusselig und ich hab einfach Angst, gewisse Sachen für die Schule zu vergessen. Wenn die Schultasche im Vorzimmer steht, erinnere ich mich noch vor dem Frühstück daran, welche Fächer wir heute haben und was ich dafür mitnehmen muss."

Das Verhalten der Tochter basiert nicht auf Faulheit und Verantwortungslosigkeit, sondern auf einer für sie wichtigen optischen Erinnerung an ihre Pflichten des Tages – also eigentlich um etwas hochgradig Verantwortungsvolles.

Jetzt wäre auch noch die Ich-Botschaft der Mutter wichtig: „Ich erlebe diesen Vorgang von dir immer als eine Geringschätzung meiner Wünsche und bin jedes Mal sehr verärgert und auch gekränkt. Ich schätze es, wenn unsere gemeinsam genützten Räumlichkeiten aufgeräumt sind, weil es dadurch einfacher ist, Ordnung zu halten. Ich respektiere, dass du in deinem Kinderzimmer deine eigene Ordnung hast. Mein Wunsch wäre, dass wir eine Lösung für diese Situation finden, damit wir beide uns wohlfühlen."

Was würden Sie nun anstelle der Mutter tun? Würden Sie darauf bestehen, dass die Tochter fortan die Schultasche in ihr Zimmer trägt? Oder würden Sie die neu gewonnene Klarheit dazu nützen, um eine Konsenslösung zu finden? Vielleicht wäre es ein guter nächster Schritt, gemeinsam einen geeigneten Platz im Vorzimmer zu finden, der Sie nicht stört und dennoch weiterhin die Erinnerungsfunktion für die Tochter ermöglicht.

Was lehrt uns dieses Beispiel? Mit wertschätzenden Fragen und Ich-Botschaften kommen Sie dahinter, warum Menschen so agieren, wie sie agieren – sowohl bei Kindern als auch bei Kollegen, Mitarbeiterinnen und Vorgesetzten. Wenn Sie wirklich kommunizieren wollen, fragen Sie nach, anstatt bloß zu interpretieren.

Verwenden Sie offene Fragen wie: *„ Warum haben Sie die Unterlagen noch nicht fertig?"* – *„Was hat Sie aufgehalten?"* – *„Wie wollen Sie weitermachen?"* – *„Wann werden Sie liefern?"* – *„Warum sehen Sie heute so müde aus?"* –, oder geschlossene Fragen: *„Kann ich Sie unterstützen?"* – *„Benötigen Sie mehr Pausen zwischen unseren Gesprächen?"*, die mit Ja oder Nein beantwortet werden können. Noch ein gutes Beispiel aus der Praxis fällt mir ein – diesmal zum Thema Führung. Wie agiert man, wenn eine Mitarbeiterin Aufgaben nicht so bearbeitet, wie man das als Vorgesetzter gerne hätte? Das ist übrigens eine Situation, mit der mehr Führungskräfte zu kämpfen haben, als Sie sich vielleicht vorstellen können. Eine Klientin erzählte mir von einer langgedienten Mitarbeiterin des Unternehmens (nennen wir sie hier „Frau Meier"), die sich nicht an neue Richtlinien hielt. Trotz mehrmaliger Hinweise und Gespräche über das Thema änderte sich nichts am Verhalten der Mitarbeiterin.

Die Kommunikation zu diesem Szenario lief immer gleich ab: *„Frau Meier, wir haben doch vereinbart, dass Sie die Abläufe gemäß dem neuen QM-System durchführen müssen, da wir uns als Firma dazu deklariert haben."* *„Ich versuche mich an die neuen Abläufe zu halten, aber die Ausnahmefälle überwiegen."* Derartige Gespräche mit unterschiedlichen Ausreden wiederholten sich bis zur Resignation und Erschöpfung aller Beteiligten. Letztlich waren es keine Dialoge, sondern unermüdliche Wiederholungen von Feststellungen. Nicht mögliche Lösungen standen im Mittelpunkt, sondern Schuldzuweisungen. Das ist laut meiner Erfahrung der häufigste Grund, der eine Auflösung bzw. Klärung von Situationen verhindert.

Lösungsfindungen sind in einer Zeit der absoluten Überkommunikation nicht immer leicht. Dabei gibt es sehr effiziente Wege, um rasch und zielsicher zu Lösungen zu kommen – egal ob im Umgang mit Mitarbeitern, Vorgesetzten oder Kolleginnen. Ein wichtiger Aspekt ist das Bemühen, das Gespräch zu führen. Dazu benötigen Sie Zeit und Vorbereitung. Führung – egal ob als Funktion oder als Strategie für das berufliche Weiterkommen – ist eben kein Nebenjob, sondern erfordert in schwierigen Situationen volle Aufmerksamkeit. Nehmen Sie sich Zeit für derartige Gespräche und sprechen Sie zu klärende Dinge offen und direkt an.

Der Fahrplan der 7 Schritte für klare Kommunikation

Folgenden „Fahrplan" empfehle ich meinen Klientinnen und Klienten für eine klarere und einfachere Kommunikation:

Schritt 1: Schaffen Sie sich „Freiraum-Polster"

Je anspruchsvoller ein Gespräch werden könnte, desto weniger sollten Sie davor oder danach zu erledigen haben. Selbst erfahrene Führungskräfte wissen um den Kraftaufwand, den heikle Situationen erfordern. Ein wenig Freiraum davor und danach hilft im Gespräch selbst ruhiger und flexibler zu agieren. Setzen Sie also schwierige Gespräche nicht an Tagen an, an denen Sie vor lauter Terminen ohnehin nicht wissen, wo hinten und vorne ist.

Schritt 2: Gespräch vorbereiten und Ziel definieren

Schwierige Situationen gehören vorab durchdacht. Stellen Sie sich folgende Fragen:

Was ist das primäre Ziel des Gesprächs? (*„Ich will mehr Ruhe ins Team bringen"*, *„Ich will, dass ich die Hintergründe besser verstehe"*, *„Ich will, dass die vereinbarten Abläufe eingehalten werden"*, *„Ich will das Projekt übernehmen"*, *„Ich möchte eine Gehaltserhöhung".*)

Was soll nach dem Gespräch anders sein? *("Ich habe das neue Projekt in der Tasche", "Ich habe eine Unterschrift auf dem Auftrag zu meinen Wunschkonditionen", "Der Kunde weiß, dass wir kompetente, langfristig denkende Partner sind", "Mein Mitarbeiter übernimmt seine Aufgaben und auch die Verantwortung dafür".)* Ziele zu definieren ist das Um und Auf jeder erfolgreichen Kommunikation. Wer weiß, wo er hin will, kann Gespräche zielsicher in die richtige Richtung lenken.

Schritt 3: Planen Sie das Gespräch

– Was muss ich erfahren, um mein Ziel zu erreichen?
– Was muss mein Gegenüber erfahren?
– Was soll emotional zwischen mir und meinem Gesprächspartner entstehen?

Machen Sie sich einen Gesprächsleitfaden und lesen Sie diesen ein paar Mal durch.

Schritt 4: Üben Sie das Gespräch

Optimal wäre es, dieses Gespräch wie ein Rollenspiel durchzuspielen. Übung macht den Meister! Ich vergleiche das immer mit dem Autofahren: Sie denken mittlerweile nicht mehr nach, was Sie wann tun müssen. Schalten, Kuppeln und Bremsen gehen wie von selbst. Sie machen es einfach – weil Sie es lange genug geübt haben. Genauso verhält es sich in der Kommunikation.

Stellen Sie sich Ihr Gegenüber einfach vor und reden Sie mit sich selbst. Das klingt ein wenig verrückt, ermöglicht es Ihnen aber, das Gespräch schon einmal vorab zu „erleben". Halten Sie sich an Ihren Gesprächsleitfaden und spüren Sie, bei welchen Fragen Sie nervös werden bzw. was Sie sich nicht auszusprechen trauen. Machen Sie sich Notizen darüber!

Diese Art von Rollenspiel ist ein perfekter Spiegel der kommenden realen Situation, die Ihnen bevorsteht. Spielen Sie die Situation so oft wie möglich durch. Sie werden merken, wie viel sicherer Sie sich dann bei dem tatsächlichen Gespräch fühlen.

Natürlich wird dieses Gespräch später nicht 1:1 so ablaufen wie im Rollenspiel. Doch darum geht es bei diesem Schritt auch gar nicht. Sie sollen vielmehr durch die Trockenübung in Ihrer Gesprächsform flexibler und stabiler werden und lernen das gesteckte Ziel zu erreichen. Frauen verstricken sich häufig, erzählen dann Dinge, die sie so nicht sagen wollten, und kommen nicht auf den Punkt, obwohl sie es sich vorher durchgelesen haben. Oft gehen sie dann sehr unzufrieden aus Gesprächen. Kein Wunder – sie haben nicht das erreicht, was sie erreichen wollten. Männer ticken da ein wenig anders: Meistens wissen sie ganz genau, was sie mit dem Gespräch erreichen möchten, weil sie den Fokus besser halten können.

Schritt 5: Dialog und „aktiv" zuhören

Effiziente Gespräche bedingen einen Dialog. Beide Seiten müssen Informationen liefern, um einem Gespräch Sinn zu geben. Sehr oft dreht es sich darum, gemeinsam ein Problem bzw. den Hintergrund eines Problems oder einer Situation herauszuarbeiten. Dabei gilt es, möglichst punktgenaue Fragen zu stellen.

Im Falle der zuvor erwähnten Kollegin mit den Anpassungsschwierigkeiten an das neue QM-System wäre das z.B. die Frage: *„Warum halten Sie sich nicht an die vorgeschriebenen Prozesse? Was genau bringt Sie in Widerstand?"*

Danach kommt eine ebenfalls sehr wesentliche Qualität bei Gesprächen zum Tragen: Zuhören. Für viele wird das seltsam klingen, aber Zuhören ist fast so schwierig wie gute Fragen zu stellen. Beobachten Sie sich selbst bei einem Gespräch. Eigentlich wollen Sie schon nach dem dritten Satz des Gegenübers dazu etwas ergänzen oder eine Frage stellen. Sind Sie ein ungeduldiger Mensch, wird es schon nach dem ersten Satz sein. Wir lassen Menschen fast nicht mehr aussprechen und geben oft sofort unser Statement ab oder bieten eine Lösung an. Zwingen Sie sich dazu, sich zurückzulehnen, den anderen wahrzunehmen und zuzuhören. Sie müssen nichts sagen. Sie werden erstaunt sein, wie Sie den anderen wahrnehmen und wie wertgeschätzt der andere sich fühlt. Wichtig ist auch das generelle Umfeld dieses Problems zu analysieren. Also jene Dinge, die über den unmittelbaren Wirkungskreis des Gegenübers hinausgehen. In unserem Beispielfall sollten Sie sich also fragen: Für wen im Unternehmen ist die Weigerung der Kollegin noch schwierig? Wo ist außerdem Widerstand in den Reihen der Mitarbeiter zu bemerken? Wie reagieren die regelkonform agierenden Kolleginnen und Kollegen darauf?

Mit dieser Art der gezielten „Befragung" geben Sie Ihren Mitarbeiterinnen, Kollegen oder Vorgesetzten die Möglichkeit, ihre Situation oder ihren Standpunkt zu beschreiben. Wie schon erwähnt: Jeder Mensch hat eine andere Wahrnehmung und einen anderen Zugang zu Situationen. Es lohnt sich, diese verschiedenen Zugänge zu ergründen, um eine möglichst breite Basis für das eigene Urteil zu gewinnen.

Wichtig dabei ist wirklich zuzuhören und nicht zu urteilen. Das klingt vielleicht banal, doch viele haben diese Art des urteilsfreien Zuhörens verlernt – vor allem bei Gesprächen über verschiedene Hierarchiestufen hinweg.

Dazu passt folgendes Praxisbeispiel: Ein Klient, der eine Abteilung mit zwanzig Mitarbeitern leitete, erklärte mir bei einer Sitzung, dass sämtliche seiner Teammitglieder dumm wären. Ich fragte ihn: *Warum denken Sie so über Ihr Team? Wann haben Sie das zum ersten Mal gedacht? Sprechen Sie diese Meinung in der Abteilung auch offen aus? Wie agieren Ihre Mitarbeiter, dass Sie zu so einer Aussage kommen?"*

Zunächst reagierte er ziemlich eingeschnappt auf diese präzisen Fragen, die ihn zu einer Art „präzisen Beweisführung" zwangen. Nach geraumer Zeit war auch ihm klar, dass seine Pauschalbehauptung nicht zutraf. Doch wir hatten uns dabei Stück für Stück zum wahren Kern seiner Aussage vorgearbeitet. Ich hatte von Anfang an den Verdacht gehabt, dass irgendetwas im Unternehmen vorgefallen sein musste, was meinen Klienten tief getroffen hatte. Also fragte ich ihn, ob er ärgerlich auf seine Mitarbeiter ist. Seine bestimmte Antwort: „Ja!"

Er erzählte mir von einem Firmenfest, zu dem die komplette Belegschaft eingeladen war. Letztlich erschien jedoch nur die Hälfte der aus seiner Abteilung angemeldeten Mitarbeiter – und davon trug wiederum die Hälfte die Teilnahme an dem Fest als zu bezahlende Überstunden ein. Sein Ärger über seine Mitarbeiter hatte also einen berechtigten Kern. Anstatt das Thema als solches direkt anzusprechen, zog er es jedoch vor, seinen Ärger hinunterzuschlucken. Im Laufe der Zeit nährte jede kleine negative Aktion seiner Mitarbeiter diesen Ärger und das halbvolle Fass wurde langsam voller und voller – bis es immer wieder wegen Kleinigkeiten zur Eskalation kam.

Mein Klient ist keine schlechte Führungskraft und menschlich sehr in Ordnung. Er hatte nur ein gravierendes Problem mit der Kommunikation – ausgelöst durch ein bestimmtes Ereignis, das sich in Folge zu einer massiven, alles beherrschenden Stimmungsschieflage entwickelte. Die gezielten Fragen brachten ihn auf den Weg zu dieser wichtigen Erkenntnis. Er verhält sich mittlerweile wertschätzender seinen Mitarbeitern gegenüber, indem er ihnen zuhört, sie wahrnimmt, über schwierige Situationen offen spricht und immer wieder Fragen stellt.

Schritt 6: Eigene Lösungen durch Interventionen finden

Was eine „Lösung" ist, braucht man nicht großartig zu erklären. Aber was ist eigentlich eine Intervention? Darunter versteht man gesetzte Maßnahmen oder Fragen, die dem Gegenüber die Möglichkeit geben, seinen eigenen Weg zu gehen und dabei geführt zu werden. Wer fragt, der führt. Folgende Fragen, die dem Gegenüber mehr Klarheit bringen, sind hilfreich:
- *„Woran würden Sie merken, dass eine Lösung eingetreten ist?"*
- *„Welche Schritte hätten Sie gesetzt?"*
- *„Wie würden Kolleginnen die Lösung wahrnehmen?"*

Bleiben wir wieder bei unserem Beispiel mit der QM-Boykotteurin:
- *„Was muss geschehen, damit Sie sich an die Abläufe halten?"*
- *„Welche Hilfsmittel benötigen Sie dazu?"*
- *„Was würden Ihre Kollegen davon halten, wenn Sie sich an die Regeln halten?"*
- *„Wie würde es Ihnen dabei gehen?"*

Spätestens jetzt sollte die Mitarbeiterin einsehen, dass Handlungsbedarf bei ihr besteht. Wenn Menschen mit Interventionen führen und lenken, fördern sie die Selbstständigkeit und die Lernbereitschaft ihres Gegenübers.

Ich nehme an, Sie sind nun auch schon gespannt darauf, was denn nun wirklich hinter der hartnäckigen Weigerung der Mitarbeiterin aus unserem Beispiel steckt. Lösen wir das also auf: Die Dame hatte sich deshalb nicht an die Abläufe gehalten, weil sie diese auch nach dem Besuch der dritten Schulung schlicht und einfach nicht verstanden hatte. Nach zwanzig Dienstjahren in derselben Abteilung hatte sie sich ihren Bereich ganz nach ihren Vorstellungen und gewohnten

Abläufen eingerichtet. Zwar stieß sie mit dieser Arbeitsauffassung immer wieder an Grenzen – aber immerhin konnte sie so ihren Aufgabenbereich intellektuell erfassen. Die Scham, das neue System selbst nach dreimaliger Schulung immer noch nicht verstanden zu haben, führte zu einer eisernen Abwehrhaltung. Sie wusste sich nicht anders zu helfen.

Nachdem meine Klientin das alles herausgefunden hatte, schämte sie sich selbst ein wenig, weil sie zuvor nie auf die Idee gekommen war, die Mitarbeiterin danach zu fragen, ob sie das neue System überhaupt beherrscht. Zudem verkomplizierte das neue QM-System – wie sich später herausstellte – eher den praktischen Ablauf, anstatt seine Qualität zu verbessern. Das war auch der Mitarbeiterin aufgefallen. Mit dem Gefühl, den Nutzen des Systems einfach aus mangelndem Verständnis nicht zu begreifen, traute sie sich nicht eine entsprechende Rückmeldung zu machen. Ein Teufelskreis.

Meine Klientin stellte auch von ihrer Person her – als sehr junge und schnell agierende Frau – einen Gegensatz zu der älteren, langsameren, aber sehr verlässlichen Mitarbeiterin dar. Nach dem Gespräch war beiden klar, dass es im Arbeitsalltag der Abteilung an Wertschätzung und Zeit für konstruktive Gespräche fehlte. Die präzisen Lösungsfragen brachten die Mitarbeiterin schließlich selbst auf Ideen, wie sie ihrem Wissensmangel entgegenwirken und ihr zwanzigjähriges Fachwissen in die neuen Prozesse einfließen lassen konnte.

Schritt 7: Vereinbarungen treffen und Veränderung evaluieren
Wenn Sie mit einem Ziel in ein Gespräch gehen, sollte zum Abschluss eine Vereinbarung getroffen werden. Zusätzlich sollten Sie sich überlegen, wie die vereinbarten Veränderungen zu einem späteren Zeitpunkt möglichst eindeutig evaluiert werden können.

In unserem Beispiel wurden vier Maßnahmen vereinbart: weitere Schulungen, regelmäßige Termine, bessere Absprache mit Kolleginnen in Meetings und Aufzeichnungen von Problemsituationen der Mitarbeiterin, damit diese in Schulungsmaßnahmen (auch für andere Mitarbeiter) einfließen konnten. Auch ein Termin für die Evaluierung wurde festgesetzt. Gleichzeitig betonte meine Klientin, dass die Mitarbeiterin jederzeit zu ihr kommen könne, wenn sich Fragen oder Probleme ergeben. Insgeheim nahm sie sich auch vor, ihrerseits immer wieder bei der Mitarbeiterin vorbeizuschauen und zu fragen, wie es ihr gehe und ob sie Hilfe benötigte.

Mit gezielter Kommunikation zur Gehaltserhöhung

Sie haben nun die gezielte Kommunikation in sieben Schritten anhand eines sicher nicht alltäglichen Beispiels kennengelernt. Schauen wir uns den ganzen Prozess doch noch einmal im Schnelldurchlauf in einer Situation an, die vielen von Ihnen besser vertraut sein wird: Wie sprechen Sie Ihren Vorgesetzten am besten auf eine Gehaltserhöhung an?

Erster Schritt: Warten Sie nicht darauf, dass Ihr Chef von sich aus eine Gehaltserhöhung anbietet. Das machen Vorgesetzte in der Regel so gut wie nie – denn sie stehen in erster Linie dem Unternehmen in der Pflicht. Grundsätzlich haben Führungskräfte die Verantwortung im Bezug auf das Unternehmen und auf die Mitarbeiter. Sie müssen aber immer zu gunsten des Unternehmens entscheiden. Auch wenn Sie vielleicht regelmäßig überdurchschnittliche Leistungen bringen und sich mächtig ins Zeug legen: Geben Sie sich nicht der Illusion hin, dass Ihr Vorgesetzter erkennt, was Sie leisten. Bei einer Vielzahl von Mitarbeiterinnen ist es wahrscheinlich, dass er nicht einmal Ihre genaue Arbeitsplatzbeschreibung im

Kopf hat. Dieser Zugang von Chefs ist nicht beabsichtigt, sondern kommt sehr oft von Überlastung oder Mehrfachbelastung.

Beginnen Sie Ihr Vorhaben, indem Sie ein Gespräch einfordern, den Grund dafür äußern und den Zeitrahmen vorgeben. Ein Jahresgespräch ist immer ein guter Anlass und eine gute Chance, um im eigenen Interesse aktiv zu werden. *Schritt zwei:* Was ist Ihr Ziel? Welches Gehaltsniveau und welche neuen Rahmenbedingungen streben Sie an? Warum sollte Ihr Vorgesetzter Ihren Wünschen entsprechen? Was können Sie an erbrachten Leistungen aufzählen, die ihn davon überzeugen, dass er Ihre Forderungen akzeptiert? Schreiben Sie die Antworten auf all diese Fragen auf!

Hier ein Beispiel: *„Ich verdiene derzeit 2.500 Euro netto. Dieser Gehaltslevel hat sich seit drei Jahren nicht verändert. Mein Ziel ist es, 3.000 Euro netto zu verdienen. Da sich mein Jobprofil verändert hat, benötige ich für die vielen Dienstreisen einen Firmenwagen. Nachdem ich seit zwei Jahren für die Kundenakquise zuständig bin, wäre zudem eine provisionsorientierte Bezahlung sehr sinnvoll. Meine Aufgabe im Unternehmen hat sich von einer Teamleiterin zur Vertriebsleiterin verändert und ich arbeite in strategischen Belangen sehr stark mit. Mein Verantwortungsbereich hat sich um ein Drittel erhöht und ich muss seit einem Jahr konkrete Zahlen erreichen und abliefern. Jede Ihrer Forderungen und neuen Maßnahmen habe ich meist sehr erfolgreich oder zumindest im Rahmen der bestehenden Möglichkeiten so optimal wie möglich umgesetzt."*

Das sind Argumente und Themen, die jeder Unternehmer oder jede Führungskraft nicht einfach so vom Tisch wischen kann. Es gibt aber auch Menschen, die mit folgenden Argumenten in ein solches Gespräch gehen: *„Chef, ich brauche mehr Geld, da ich jetzt ein Haus baue und meine Kinder in ein Alter kommen, in dem technischer Schnickschnack*

interessant wird. Unser Auto wird es wohl auch nicht mehr lange machen."
Welches Beispiel führt aus Ihrer Sicht eher zum Ziel?

Hat sich Ihr Leistungsniveau seit Ihrer Einstellung nicht verändert, steht Ihnen das vereinbarte Gehalt mit den gesetzlich vorgeschriebenen Anpassungen zu. Sollten Sie aber mehr Verantwortung übernommen haben, Ihren Job außergewöhnlich erfolgreich erledigt haben, neue Projekte souverän umgesetzt oder sonstige „Sonderleistungen" erbracht haben, können Sie fundiert argumentieren und fordern. Kein Chef bezahlt aus freien Stücken mehr Gehalt, weil sich ein Mitarbeiter ein neues Auto kaufen möchte. Mehr Geld gibt es nur für mehr Leistung. Frauen erwähnen oft ihre Leistung nicht und bekommen daher auch weniger bezahlt. Meine Erfahrung widerspricht dem gesellschaftlichen Klischee, dass Frauen prinzipiell gehaltsmäßig schlechter gestellt sind. Frauen, die sich bewegen, das Gespräch suchen und Forderungen stellen, erhalten meist das Gehalt, das sie sich wünschen. Das gilt natürlich nicht für jedes Unternehmen und jede Situation. Aber meistens scheitert die Gehaltsforderung an der klaren Formulierung, Argumentation und natürlich auch den Konsequenzen.

Ich bringe zum Gehaltsthema immer gerne mein Beispiel aus meiner Zeit als Technikerin, etwas, das bei vielen Frauen nicht selten, wenn auch vielleicht nicht in dieser Härte, vorkommt. Damals habe ich als Projektmanagerin im Baubereich gearbeitet – ein hartes, fast zu 100 % von Männern dominiertes Business. Frauen sind meist nur als Assistentinnen präsent. Anlässlich meines Gehaltsgesprächs führte ich Ergebnisse und überdurchschnittliche Erfolge in meinen Projekten ins Treffen. Gleichzeitig eröffnete mein Vorschlag, Alternativenergien im Einfamilienhausbereich anzuwenden, dem Unternehmen einen neuen Markt. Mein damaliger Chef (gleichzeitig der Unternehmenseigentümer) hörte sich meine Forderungen an und antwortete mir Folgendes: „*Sie können Kinder bekommen und aus diesem Grund verdienen Sie weniger als Ihre Kollegen. Ich werde Ihnen auch nicht mehr zahlen, da ich diese Entscheidung jetzt schon einkalkulieren muss.*" Meine weitere Argumentation war nach so einer Aussage hinfällig.

Allerdings habe ich nach diesem Gespräch die Konsequenzen gezogen und mich nach einem neuen Arbeitgeber umgesehen. Nicht für alle Situationen gibt es ein zufriedenstellendes Ergebnis, aber Sie haben immer die Wahl, eine neue Entscheidung zu treffen und etwas zu verändern.

Weiter geht es in unserem Fahrplan zur Gehaltserhöhung: Üben Sie das bevorstehende Gespräch in einem Rollenspiel. Stellen Sie folgende Fragen: „*Wie haben Sie mich im letzten Jahr als Mitarbeiterin wahrgenommen?*", „*Haben Sie eine Veränderung wahrgenommen?*", „*Auf welchen Gebieten habe ich mich aus Ihrer Sicht am stärksten weiterentwickelt?*"

Im tatsächlichen Gespräch werden auf diese Fragen einige Antworten kommen. Hören Sie gut zu und bringen Sie danach Ihre Anliegen vor. Die Reaktion und Antworten Ihres Gegenübers geben Ihnen Orientierung für die Intensität Ihrer Argumente und für die anzustrebenden Vereinbarungen. Sie merken sofort, wenn Sie Argumente liefern, die zu ausschweifend sind und das Ziel dahinter aus den Augen verlieren.

Sollte der Chef danach auf Ihre Forderungen eingehen, vergessen Sie nicht diese Vereinbarung schriftlich festzulegen. Neue Rahmenbedingungen, Ziele oder Vereinbarungen sollten immer im Vertrag festgehalten werden, um in schwierigen Situationen darauf zurückgreifen zu können. Es liegt in Ihrer Verantwortung, dass die Verträge neu überarbeitet oder ergänzt werden. Nicht selten kommt es bei einem Führungswechsel und langjähriger Firmenzugehörigkeit zu immer neuen Vereinbarungen, die aber nicht in den Dienstverträgen festgehalten werden. Im Zweifelsfall werden Sie dann immer den Kürzeren ziehen. Worte sind vergänglich, und schriftliche Fakten haben in schwierigen Situationen immer Gültigkeit – egal was mündlich vereinbart wurde. Menschen sind vergesslich.

Vorurteile bremsen uns aus

Ein Aspekt ist in der Kommunikation besonders wichtig: Begegnen Sie Ihrem Gegenüber nach Möglichkeit stets mit Wertschätzung und Empathie. Das klingt leichter, als es ist. Unsere Tendenz zum Schubladendenken steht einer offenen Begegnung genauso entgegen wie Erfahrungen mit dem betreffenden Menschen, die wir nicht einfach so unvergessen machen können. Dennoch: In der Kommunikation sollten wir versuchen, wie schon erwähnt, jede Art der Beurteilung beiseitezulassen.

Sie kennen sicherlich den einen oder anderen Blondinenwitz. Welchen nachhaltigen Einfluss haben diese Witze auf Ihren ersten Eindruck bei einer Begegnung mit einer attraktiven Blondine? Jeder Mensch macht sich bei der Begegnung mit einem anderen Menschen ein Bild. Meistens läuft dieser Prozess schon in den ersten zehn Sekunden dieser Begegnung ab. Der erste Eindruck bzw. das, was wir in diesem Moment als „Bild" in unserem Gedächtnis ablegen, ist also wirklich essenziell für die weitere Beziehung. Doch leider verhindert das sehr oft, dass wir den „wirklichen" Menschen, jenseits unserer schubladisierten Vorstellungen über ihn, kennenlernen.

Ich bin durch meine Mutter, die als Behindertenbetreuerin tätig war, mit Menschen mit Behinderung groß geworden. Es war eine harte Erfahrung, aus erster Hand mitzuerleben, mit welchen Vorurteilen diese sogenannten „Randgruppen" täglich zu kämpfen hatten. Ich lebte eine Zeit lang auch in

Amsterdam und konnte beobachten, wie anders diese Menschen dort behandelt werden: Die holländische Gesellschaft begegnet Menschen außerhalb der Norm bei Weitem rücksichtsvoller und mehr „open-minded".

Alleine der Gang aufs Meldeamt in Amsterdam ist eine Wohltat: Auf den Formularen stehen unter dem Punkt „Lebenssituation" folgende Möglichkeiten zur Auswahl: Single, Lebensgemeinschaft Mann/Frau, Frau/Frau, Mann/Mann; Ehe Mann/Frau, Mann/Mann, Frau/Frau; mit ... (Anzahl) Kindern. Was steht bei uns zur Auswahl? Verheiratet, ledig, geschieden und verwitwet.

Wir leben in einer Gesellschaft, in der Vorurteile und Neid ziemlich ausgeprägt sind. Doch halten wir uns immer vor Augen: *Wir* sind die Gesellschaft und können die Spielregeln und Normen ändern – vielleicht nicht von einem Tag auf den anderen, aber durch unser eigenes Verhalten Schritt für Schritt.

Frauen beschweren sich oft über die Vorgehensweise von Unternehmen und über die Einstellung von Vorgesetzten gegenüber Kinderwunsch und Familienplanung. Umgekehrt agieren aber auch Frauen Frauen gegenüber sehr ungerecht und begegnen einander mit teilweise sehr heftigen Vorurteilen. Frauen, die ihre Kinder in Kinderkrippen geben, um ihrem Beruf nachzugehen, sind „Rabenmütter". Dieser Begriff ist übrigens von Frauen geprägt worden. Frauen, die Karriere machen wollen, sind kalt und berechnend. Attraktive Frauen in höheren Positionen sind sicherlich nicht aufgrund ihrer beruflichen Qualitäten dort hingekommen. Diese und andere Aussagen haben Frauen geprägt. Merken Sie etwas? Frauen machen sich mit ihrer äußerst kritischen Kommunikation oft selbst das Leben schwer.

Versuchen Sie empathisch zu sein. Einfühlsam und ohne Vorurteile zu agieren und zu kommunizieren, lassen manche Konflikte erst gar nicht entstehen. Jeder Mensch agiert und lebt anders. Dass dies vielleicht nicht meinem Weltbild entspricht, gibt mir nicht das Recht, andere zu verurteilen.

Bei Mitarbeiterinnen, Chefs und Kollegen verliert man sich oft in der Illusion, dass diese so agieren müssten, wie es der eigenen Vorstellung entspricht. Das wird in der Praxis aber nur selten bestätigt. Um unsere Illusion nicht zu verlieren, teilen wir die Menschen in „Lieblinge" und „zu meidende Zeitgenossen" auf – sowohl im beruflichen als auch im privaten Umfeld. Man blendet quasi das aus, was nicht mit den eigenen Vorstellungen konform ist – und beraubt sich damit selbst neuer Erfahrungen.

Begegnen Sie einmal bewusst Menschen, die Sie ansonsten eher meiden, mit offenen Augen, Ohren und Gefühlen. Beleuchten Sie Ihre Vorurteile und lassen Sie zu durch diese hindurchzusehen. Sie werden Augen machen!

Eine Klientin mit einem ganzen Bündel an Vorurteilen und schwarz-weißen Vorstellungen von „Richtig" und „Falsch" suchte meinen Rat. Wir sprachen über Empathie. Sie kam zu dem Schluss, dass sie gerne in engen Schubladen denkt. Mitarbeiterinnen müssen so arbeiten, wie sie – die Führungskraft – es für „richtig" hält. Gleichzeitig hatte sie ein grundlegendes Problem mit ihren weiblichen Mitarbeitern, da sie diese nicht ernst nahm. Im Gegenteil: Frauen, die sehr viel Wert auf ihr Aussehen legten, waren ein willkommenes Fressen für sie. Intensives Hinterfragen von meiner Seite entlockten ihr schließlich Aussagen wie: *Die will sich doch nur hinaufschlafen. Kein Wunder, sie hat einfach nichts im Köpfchen.* Ich war ernsthaft schockiert. Durch meine Reaktion wurde der Klientin erst bewusst, welch tiefe Verachtung für Frauen in ihr steckte. Sie nahm sich nach unserem Gespräch vor ihre Sichtweise zu korrigieren und wertschätzender mit ihren Mitarbeiterinnen umzugehen.

Sie hat ihre Wahrnehmung von ihren Mitarbeiterinnen durch gezieltes Fragen überprüft und dann ihr Verhalten verändert. Sie ging mit ihren „sozusagen Feindinnen", wie sie es formulierte, anders um, indem sie sich mit ihnen auseinandersetzte. Sie unterhielt sich mehr und sie stellte gezielte Fragen, die auf ihren Annahmen basierten. Gleichzeitig analysierte sie dabei sich selbst und kam dahinter, dass sie ein wenig auf die Leichtigkeit und Unbeschwertheit der Mitarbeiterinnen neidisch war. Sie selbst hatte diese verloren und wurde nun tagtäglich mit jener der anderen konfrontiert. Ab diesem Zeitpunkt war sie aufmerksamer und vorsichtiger in ihrem Umgang und achtete auf ihre Wahrnehmung.

Es kann natürlich auch einmal anders herum sein und Sie werden selbst das Ziel von Vorurteilen und falschen Annahmen. Was tun Sie dann? Hinterfragen Sie Vorurteile und Annahmen Ihres Vorgesetzten oder der Person, die sie hat. Wenn Sie den Inhalt der Vorurteile gegen Sie wissen, dann fragen Sie einfach ganz direkt. Mit den Fragen: *„Woher kommt dieses Urteil?"*, *„Wie habe ich mich verhalten, dass Sie zu dieser Annahme kommen?"*, stellen Sie die Situation richtig, ohne dass Sie in eine Rechtfertigungssituation kommen.

Solange die Annahme nicht richtig ist, müssen Sie diese nur sachlich richtig stellen. Sollte der Vorgesetzte seine falsche Sichtweise einsehen, dann sollten Sie Regeln vereinbaren, wie Sie mit ähnlichen zukünftigen Situationen umgehen: *„Wenn Sie das nächste Mal wieder ein Urteil über mich haben, dann bitte fragen Sie mich, ob Ihr Urteil auf richtigen Informationen beruht oder woher mein Verhalten kommt."*

Gehört ist nicht verstanden –
Konflikte durch Missverständnisse

Ein Konflikt entsteht, wenn Interessen, Zielsetzungen oder Wertvorstellungen von Menschen oder Gruppen miteinander unvereinbar sind oder so scheinen. Der Konflikt besteht aus mehreren Teilen: dem Konflikt selbst, den begleitenden Gefühlen (Wut, Ärger, Scham, Verzweiflung, ...) und dem Konfliktverhalten (handgreiflich, verbal, ...). Viele Situationen, die als Konflikt erscheinen, sind lediglich Missverständnisse aufgrund fehlender, falscher oder falsch verstandener Information. Man könnte auch sagen: Misslungene Kommunikation wird sehr oft als Konflikt fehlinterpretiert. Wer klar kommuniziert, Fragen stellt und vorbehaltlos zuhört, kann Konflikten vorbeugen. Annahmen und Interpretationen hingegen führen unweigerlich zu Konflikten. Die Ich-Botschaften helfen bei der Deeskalierung und nützen Ihnen dabei, Missverständnisse und Konflikte, die sehr emotional sind, besser zu lösen.

Ehrliches Feedback ist eine Kunst für sich. Oft fällt es schwer, kritische Rückmeldungen zu geben, ohne den anderen damit zu verletzen und dadurch einen Konflikt entstehen zu lassen. Ein effizientes Mittel, um diese Falle zu vermeiden, ist eine bewusste Kontrolle der Offensive. Kritik auf der Sachebene sollte immer Hand in Hand mit Respekt und Achtung für den Menschen gehen. Bleiben Sie nach Möglichkeit immer auf der Sachebene und verwenden Sie Ich-Botschaften.

„Du lieferst deine Zahlen immer zu spät ab. Dadurch bekommen die anderen Kollegen die Unterlagen zu spät auf den Tisch. Das verärgert uns alle immens und du machst dich mit einem derartigen Verhalten komplett zum Außenseiter." Mit so einem Feedback starten Sie einen direkten Frontalangriff gegen die Person, die es betrifft.

„Durch deine späte Abgabe der Unterlagen an die nächs-

te Abteilung haben wir ein Problem damit, unsere Zeitvorgaben für das Projekt einzuhalten. Ich bitte dich die Unterlagen künftig an jedem Tag bis spätestens neun Uhr abzuliefern – so, wie wir es in der Prozessdefinition vereinbart haben. Falls das für dich nicht möglich ist, wünsche ich mir ein Meeting mit allen Kollegen, um eine gemeinsame Lösung zu finden." Merken Sie den Unterschied?

Dieses Agieren auf der Sachebene kann man natürlich auch dazu verwenden, um untergriffiger Kritik den Wind aus den Segeln zu nehmen: Stellen Sie sich vor, Ihr Vorgesetzter konfrontiert Sie mit folgenden Aussagen: *„Was ich Ihnen schon lange sagen wollte: Ich finde Ihr Verhalten in Meetings hochgradig peinlich. Sie sind laut und hektisch und reden überall mit. Als Ihr Vorgesetzter muss ich Ihnen sagen, dass ich dieses Verhalten für sehr unpassend halte."*

Ihre Reaktion könnte wie folgt ausfallen: *„Welches fachliche Verhalten meinen Sie? Und welches Meeting? Ich bin jetzt über Ihre Aussage ein wenig irritiert, weil ich grundsätzlich Verallgemeinerungen nicht sehr nützlich für eine Veränderung finde. Ich versuche für meine tägliche Arbeit Fakten in Erfahrung zu bringen, um das vereinbarte Projekt gemäß Ihren Vorgaben abzuschließen. Gleichzeitig interessiere ich mich auch für andere Projekte, um mögliche Synergien zu bilden, Prozesse zu vereinfachen und somit Kosten für einzelne Bereiche zu sparen. Natürlich bin ich – wie Sie richtig erkannt haben – eine direkte und neugierige Person."*

Merken Sie, was bei dieser Antwort passiert? Sie lenken von der Person zur Sache um, gleichzeitig bleiben Sie bei sich selbst. Dass manche Menschen mit Ihrer Art und Weise nicht oder schwer umgehen können, ist natürlich möglich. Aber solange Sie laut den Vorgaben und mit möglichst präzisen Daten arbeiten, sind Sie weniger angreifbar. Über kurz oder lang wird sich eine Zusammenarbeit mit einer derartigen persönlichen Feedbackkultur (wie in dem Beispiel mit dem Chef) sicherlich schwierig gestalten. Aber kurzfristig können Sie Ihrem Vorgesetzten so den Wind aus den Segeln nehmen. Persönliches ist oft eine Interpretation unserer Beobachtungen. Die sachliche Ebene ist jedoch faktenorientierte Realität.

Das Um und Auf bei Konflikten ist, Vertrauen herzustellen und offen zu kommunizieren. In dem erwähnten Beispiel könnten Sie nach der sachlichen „Übersetzung" zum Beispiel Folgendes sagen: „*Ich fühle mich durch Ihre Kritik persönlich angegriffen und wünsche mir für die Zukunft eine wertschätzende Kommunikation.*"

Bei der jeweiligen Situation ist eine offene und ichbezogene emotionale Kommunikation wichtig. Der Ort sollte günstig gewählt sein und es sollte kein Zeitdruck vorliegen. Wichtig ist auch, ob Ihnen die Lösung der Situation wichtig genug ist und Sie sich die Zeit dafür nehmen wollen. In manchen Situationen ist es außerdem hilfreich, eine dritte Partei hinzuzubitten. Dies ist besonders dann zu empfehlen, wenn sich eine Seite hoffnungslos unterlegen fühlt, nicht weiß, wie sie die Konfliktlösung anpacken soll oder von sehr starken Gefühlen – wie Angst oder Wut – beherrscht wird.

Äußern Sie bei Feedback oder kritischer Rückmeldung keine diffusen Vermutungen, sondern bauen Sie reale und beobachtbare Ereignisse und nachprüfbare Fakten in Ihre Argumentation ein. „Immer" ist zum Beispiel ein oft verwendeter Ausdruck, der im Grunde jedoch nichts Konkretes aussagt. Präzisieren Sie Ihre Aussagen durch „gestern im Meeting" oder „bei den letzten drei Meetings ist mir aufgefallen".

Falls Sie nicht in der Lage sind, Ihre Rückmeldung derart auf den Punkt zu bringen, rate ich Ihnen dazu, das Feedback in diesem Moment zu unterlassen. Wenn Sie sich nur kurz in die Lage des anderen versetzen, verstehen Sie, warum: Wie würde es Ihnen gehen, wenn Ihnen verallgemeinerte Aussagen um die Ohren fliegen? Sie würden nicht wissen, was und wie Sie etwas verändern können. Je konkreter Feedback formuliert wird, desto effizienter können Konflikte und Missverständnisse vermieden werden.

Machen Sie sich eines bewusst: Ihre Einstellung ist ein entscheidender Faktor, ob ein Konflikt entsteht, verhindert oder geklärt wird. Achten Sie dabei stets auf Ihre Selbstachtung und auf die Achtung der Beteiligten.

Wurde ein Problem verständlich und klar definiert, die sachlichen und persönlichen Aspekte des Problems berücksichtigt sowie jedem Beteiligten genügend Zeit eingeräumt, um darüber zu argumentieren, kann man mit der Lösungsfindung beginnen. Wichtig dabei sind die klaren Zielvorstellungen der jeweils Betroffenen und die Bereitschaft, an verschiedenen Lösungsvorschlägen zu arbeiten.

Ein Konflikt ist erst dann bereinigt, wenn alle Beteiligten der Meinung sind, dass sie mit der getroffenen Vereinbarung leben und arbeiten können und keinen Konflikt mehr empfinden.

Folgende Fragen können hilfreich dabei sein, Probleme zu erkennen: Was ist das Problem? Warum halten Sie (und Ihre Gegenüber) das Problem für (k)ein Problem? Für welche anderen Beteiligten ist das Problem ebenfalls (k)ein Problem? Wer würde sich am ehesten damit abfinden, wenn das Problem unlösbar wäre? Wann trat das Problem zuletzt nicht auf?

Folgende Fragen helfen beim Definieren von Zielen: Woran erkennen Sie, dass Sie Ihr Ziel erreicht haben (oder dass sich die Situation verändert hat)? Wenn eine gute Fee über Nacht das Problem wegzaubert: Woran (und wann!) würden Sie bemerken, dass das Problem gelöst ist?

Zirkuläre Fragen unterstützen dabei, betroffene Parteien und ihre Situation zu analysieren:

- Wie würde Ihr Gegenüber Ihre Position oder Ihre Ziele beschreiben?
- Wie würde Ihr Gegenüber die Situation (das Problem) sehen?
- Warum würde er/sie es anders sehen können?
- Wer würde es ebenfalls anders sehen? Wie?
- Was macht Herr X, wenn Frau Y es auch so sehen würde?
- Wie können Sie mir (oder Ihrem Gegenüber) helfen, sodass ich (oder Ihr Gegenüber) Ihnen helfen kann?
- Was könnte Ihr Gegenüber realistischerweise tun, wenn es Ihre Ziele optimal unterstützen wollte, ohne seine Ziele völlig aufzugeben?

Es gibt auch effiziente Fragen, die die Folge einer Veränderung analysieren und so die Angst vor der Veränderung nehmen können:

- Was wäre, wenn man die Sache so weiter laufen lassen (oder auch: gar nichts tun) würde?
- Wie würden sich die verschiedenen Lösungsversuche auswirken?
- Wie beurteilen Sie die Folgen? Wie würde Sie Ihr Gegenüber beurteilen?
- Wie könnte man das Problem noch steigern?
- Wie könnte man die ganze Sache scheitern lassen oder sabotieren?
- Wer könnte am meisten dazu beitragen?

Menschen, die Ihnen nichts Gutes wollen

„Energieräuber", „Choleriker", „Ausnützer", „Charmeure", „falsche Schlangen", „skrupellose Karrieristen", „Menschen, die über Leichen gehen" – es gibt viele Begriffe für Menschen, die uns nicht positiv gegenüberstehen und ein Verhalten an den Tag legen, das wenig Freude macht. Die Begegnung mit ihnen kann man kaum vermeiden. Aber wie tritt man solchen Menschen am besten gegenüber?

Sie haben in diesem Kapitel bereits einige Ansätze kennengelernt, wie es gehen kann. Mit Toleranz kommt man oft gut durch. Grundsätzlich bin ich aber der Meinung, dass auch Toleranz ihre Grenzen hat. Jeder muss selbst einschätzen, wo seine persönlichen Grenzen liegen und wie er mit Dingen umgeht, die jenseits dieser Grenzen liegen.

Mein Ansatz: Auch wenn ich so gut wie nie weiß, warum ein Mensch so ist, wie er ist, bleibe ich ihm gegenüber möglichst wertschätzend und empathisch. Das hat mir schon einige Situationen erleichtert, in denen ich mich anfangs alles andere als wohl gefühlt habe. So verlor zum Beispiel ein cholerischer Kunde – der Geschäftsführer eines Unternehmens – in einem Workshop komplett die Fassung, weil die erarbeiteten Ergebnisse nicht seinen Vorstellungen entsprachen. Die Mitarbeiter und Führungskräfte hatten über mehrere Tage Präsentationen erarbeitet und empfanden das Ergebnis als stimmig und hilfreich für ihre weitere Arbeit. Der Geschäftsführer war deutlich anderer Meinung: In einem beispiellosen Rundumschlag beschimpfte er die anwesenden Teilnehmer, bezeichnete sie als „kompliziert" und warf ihnen vor, sie hätten den Auftrag nicht verstanden. Es war ein verbaler Amoklauf, den er offensichtlich nicht mehr stoppen konnte. Schließlich flüchtete er geradezu aus dem Raum.

Ich war unglaublich irritiert, stand im Zimmer und beobachtete die Gruppe: Keiner der Anwesenden war wirklich entsetzt. Verblüfft fragte ich die Gruppe, wie es ihnen jetzt gehe. Die Antwort: *„Das ist nichts Neues für uns. Er verliert regelmäßig die Fassung und verlässt bei Meetings den Raum, wenn es nicht nach seinen Vorstellungen verläuft.*

Da spielt es auch keine Rolle, ob ein Externer anwesend ist.
Warten Sie nur ab. In ein paar Minuten kommt er zurück,
entschuldigt sich und bricht das ganze Projekt ab." Und wirklich: Nach fünf Minuten öffnete sich die Tür –
und trotzdem war es anders als vorhergesagt. Der Ge-
schäftsführer setzte sich und erläuterte seine Vorschläge für
weitere Schritte. Entschuldigung gab es keine. Erst als ich
das Thema Wertschätzung anschnitt, entschuldigte er sich
und gab zu, dass seine Vorgehensweise nicht korrekt war.
Es kam zur Diskussion und schließlich wandelte sich seine
rigorose Unzufriedenheit doch noch und er fand nicht alles
schlecht, was seine Mitarbeiter zustandegebracht hatten.
Ich war selten zuvor einem derart cholerischen Energieräuber begegnet. Wir hatten die Situation zwar deeskaliert – so
wirklich befriedigend für die Gruppe war es trotzdem nicht.

Auch folgenden Menschentyp kennen Sie wahrscheinlich:
Personen, die die Leistungen anderer als die ihren verkaufen
wollen. Hier kann ich Ihnen nur raten taktisch vorzugehen
und sich an die Fakten zu halten. Wenn Sie es mit solchen
Zeitgenossen zu tun haben, hilft es immer sehr, wenn Sie
Partner und Verbündete im Unternehmen haben. Bauen Sie
sich rechtzeitig solche Helfer auf. Neider, die Ihnen Ihren
Weg nach oben nicht vergönnen, gibt es leider überall. Verbündete halten Ihnen den Rücken frei.

Es gibt auch die Art von Menschen, die grundsätzlich
andere Menschen auf gewisse Dienste beschränken wollen,
um besser dazustehen. Da wird die Teamleiterin vom Chef
schon einmal zur „Assistentin" reduziert. Oder eine in der
Hierarchieebene höher positionierte Kollegin schikaniert
eine Kollegin mit Aufträgen für unqualifizierte Hilfsleistungen, obwohl diese nicht zu ihrem Aufgabenbereich gehören.
Oder Ihr immer liebenswürdiger Kollege bittet Sie regelmäßig darum, Kaffee und Gebäck für diesen wirklich „bedeu-
tenden" Termin, der (aus seiner Sicht) für das gesamte Team

geradezu staatstragend wichtig ist, vorzubereiten, obwohl dies nicht Ihrer Jobbeschreibung entspricht. Er kann diese Vorbereitungen leider nie selbst erledigen, da er immer andere Termine wahrnehmen muss oder „Dringendes" zu erledigen hat. Und so gibt es viele subtile kleine Maßnahmen, mit denen Ihre Position untergraben wird. Denken Sie immer daran, gewisse Dinge müssen Sie nicht erledigen, wenn sie nicht zu Ihrem Aufgabengebiet zählen. Es ist natürlich keine Frage, dass man Kollegen aushilft, wenn Not am Mann ist, doch als Dauereinrichtung sollten Sie dies nicht einreißen lassen, denn damit reduzieren Sie sich selbst auf diese Art von Hilfsleistungen. Wenige Frauen sind dann so schlagfertig und sagen in solchen Situationen etwas. Ich rate Ihnen einfach freundlich und sachlich zu bleiben. *„Ich würde dich gerne unterstützen, aber ich muss dringend den Abgabetermin für das Projekt einhalten. Andere Kollegen warten darauf."* Auch dem Chef gegenüber sollte man sich möglichst früh ein Herz fassen und auf die Arbeitsbeschreibung hinweisen oder Sie finden eine andere Lösung. *„Wie wir ja vereinbart haben, bin ich für bestimmte Projekte und Aufgaben zuständig. Gerne stelle ich Ihnen meine Assistentin dafür zur Verfügung, den Kaffee zu bringen, oder ich veranlasse es, dass Sie den Kaffee bekommen."* Merken Sie etwas? Sie bleiben freundlich und sachlich, haben Ihre Position aber klargemacht.

Freundliche Feinde

Es gibt übrigens aber auch die Menschen, die Ihnen mit Charme und Freundlichkeiten ein Bein stellen wollen. Die Fragetechniken aus diesem Kapitel können Ihnen dabei helfen, mehr von Menschen und ihren Ansätzen zu erfahren.

Ich hatte einmal mit einer Klientin zu tun, die in einem Familienunternehmen tätig war. Das Unternehmen wurde vom Vater an den Sohn übergeben und der Sohn hatte die Klientin für den Neuanfang eingestellt. Zu diesem Zeitpunkt waren aber die Rollen zwischen den Familienmitgliedern nicht wirklich geklärt und es gab wiederholt Probleme deshalb. Der Vater traf noch immer Entscheidungen. Doch diese Entscheidungen passten ganz und gar nicht zu der neuen Gesamtausrichtung. Die Klientin geriet in ihrer Schnittstellenfunktion notgedrungen zwischen die Fronten von Vater und Sohn und bekam regelmäßig den „Schwarzen Peter" zugeschoben. Der Vater agierte weiterhin so, als hätte es nie eine Übergabe gegeben, und der Sohn war zu schwach, um dem Vater klarzumachen, wer hier das Sagen hatte.

Eines Tages wurde der Bogen überspannt. Der Vater wollte seinen Willen in einer Sache durchsetzen, von der meine Klientin wusste, dass sie dem Sohn nicht so wichtig war. Als sie versuchte dem Vater klarzumachen, dass seine Vorstellungen nicht mit der Strategie in Einklang standen, gingen die Wogen hoch. Bis zu diesem Zeitpunkt hatte der Vater seine Interessen mit Charme und Schmeicheleien durchgesetzt – nun versuchte er es mit der Brechstange. Meine Klientin erinnerte ihn daran, dass die Strategie von seinem Sohn stammte. Doch das interessierte den Vater wenig. Er verlangte eine Umsetzung seiner Wünsche ohne „Wenn und Aber". Es blieb keine Zeit, um die Sache auszudiskutieren. Meine Klientin musste einen Termin wahrnehmen und war froh ein wenig Abstand zu gewinnen. Am nächsten Tag rief sie alle Beteiligten an und bat um ein Gespräch. Ein unabhängiger Kollege aus der Führungsebene kam hinzu. Die Klientin erklärte ganz sachlich die Situation und die Auswirkung durch die unklaren Rollen. Sie erläuterte sehr offen, dass sie von einer Seite benutzt wurde, um Dinge gegen den Willen der anderen Seite umzusetzen, und dass sie das Gefühl hatte, zwischen den Stühlen zu sitzen. Sehr sachlich legte sie noch einmal dar, in welcher Position sie sich im Unternehmen sah und welche Rolle sie bereit war zu übernehmen. Die unabhängige Führungskraft bestätigte die Zerrissenheit des Unternehmens seit der Übergabe der Geschäftsführung und wie unangenehm es sei, zwischen die Fronten zu geraten. Wie ging das Ganze aus? Gut. Die Klientin hat ihren Job noch und wird im Unternehmen sehr geschätzt. Aufgrund ihres ungewöhnlichen und mutigen Schritts kennt jeder die Grenzen des anderen und hält sie auch meistens ein. Bei Rückfällen ins alte Schema hilft meistens schon eine Prise Humor, um zurück auf den Weg zu gelangen.

Sie sehen an diesem Beispiel, dass es sich auszahlt, wenn man zu sich steht, Allianzen bildet und mutig seinen Weg geht. Dann haben unangenehme Menschentypen wenig(er) Chance(n), mit ihren Manövern durchzukommen. Es geht darum, dass Sie Ihre Selbstachtung nicht verlieren und Haltung bewahren. Das kostet Energie, die allerdings mehrfach zurückkommt, sobald Sie sich erfolgreich behaupten.

Natürlich gibt es auch die Menschen, die immer freundlich sind und Sie trotzdem „anrennen" lassen. Sie sichern Termine zu, die sie nicht einhalten, verschweigen wichtige Fakten zur Entscheidungsfindung, spielen Ihre Beschwerden damit herunter, dass sie etwas „nur vergessen" hätten, aber keine böse Absicht dahinter sei, dafür erzählen sie wortreich und freudig über Vorkommnisse aus ihrem Privatleben. Die Varianten für diese Art des Widerstandes sind zahlreich.

In so einem Fall müssen Sie, wenn alle Gespräche zwar freundlich verlaufen, aber kein Ergebnis und keine Änderung bringen, glasklare Regeln und Deadlines vorgeben und auch Sanktionen aussprechen. Wenn es einen Vorgesetzten zu dieser Person gibt und Sie alle eigenen Möglichkeiten ausgeschöpft haben, gehen Sie eine Ebene höher. Das Wichtigste ist, dass Sie sachlich bleiben und an dem Problem arbeiten.

Wie kommunizieren Sie effizienter?

→ Begegnen Sie Ihrem Gegenüber mit Empathie und Achtung.

→ Analysieren Sie das Problem und bringen Sie es auf einen Nenner.

→ Formulieren Sie das Problem und die Konfliktpunkte gemeinsam.

→ Dokumentieren Sie Bedürfnisse, Wünsche und Sorgen und behalten Sie diese im Auge.

→ Finden Sie eine für alle akzeptable Lösung.

→ Bleiben Sie offen und flexibel – kein Mensch ist perfekt!

→ Agieren Sie positiv und achten Sie auf eine lösungsorientierte Kommunikation.

→ Bleiben Sie bei den Fakten.

→ Verwenden Sie bei Feedback und Kritik stets Ich-Botschaften.

→ Vermeiden Sie die Worte „immer" und „aber".

→ Verändern Sie die Vorgehensweise, wenn sie sich als untauglich erweist.

→ Nehmen Sie sich vor jedem Gespräch Zeit für sich selbst und für Ihre Bodenhaftung, damit Aufregung und große Gefühlsausbrüche vermieden werden.

→ Atmen Sie tief durch und machen Sie Pausen, wenn es kritisch wird.

→ Bilden Sie Allianzen im Unternehmen für schwierige Zeiten.

→ Stehen Sie mutig zu sich selbst und nützen Sie Gelegenheiten, um das auch in der Praxis zu demonstrieren.

KAPITEL 5
Gezielter Auftritt zum Erfolg

„Sie können keinen größeren Fehler im Leben machen, als sich ständig von der Angst begleiten zu lassen, etwas falsch zu machen." Dieses Zitat von Dietrich Bonhoeffer, einem deutschen Theologen, der in einem KZ verstarb und sich davor im Widerstand gegen die Nazis beteiligt hatte, möchte ich all jenen ans Herz legen, die sich ständig davor fürchten, was sein könnte und was die anderen sagen oder tun werden. Ihr Auftritt ist eine wichtige Sache, keine Frage und viele Menschen scheitern sogar daran, weil sie ihm zu wenig Bedeutung zumessen. Doch es ist immer eine Frage der Balance: Wie viel müssen Sie beachten, um gut anzukommen, und ab wann darf es Ihnen auch einmal egal sein, was die anderen denken?

Sie machen sich bereit, um sich abends mit einem befreundeten Pärchen oder mit Freundinnen auf ein Glas Wein zu treffen. Wie lange stehen Sie vor Ihrem Kasten und überlegen, was Sie anziehen, um das gewünschte Ergebnis zu erzielen? Wie zeigen Sie z.B. dem Pärchen am besten, dass Sie seit dem letzten Treffen ganz schön abgenommen haben? Wie präsentieren Sie an einem Abend mit Freundinnen am effizientesten die Beute Ihrer letzten Schnäppchenjagd? Und – ganz wichtig – wie legen Sie rein optisch die Suche nach einem möglichen Mann fürs Leben an?

Mit einem derartigen „Anlass" im Hinterkopf wird das Ergebnis „gewünschte Wirkung" unbewusst zur analytischen Herausforderung. Sie überlegen wahrscheinlich, was Männer attraktiv finden bzw. was modisch gerade angesagt ist, und kombinieren das mit Ihrem eigenen Stil und dem, was Sie persönlich sexy und anziehend finden. Wahrscheinlich rücken Sie dabei das besonders ins Licht, was Sie an sich besonders gut finden.

Ein Auftritt, der wirkt

Eine Klientin machte eine interessante Erfahrung in punkto eigenen Stils: Sie trägt bei Meetings und wichtigen Besprechungen immer Rot. Sie möchte damit einerseits Präsenz zeigen und andererseits auch ein Stück mehr Aufmerksamkeit der männlichen Kollegen ergattern, um ihre Inhalte effizienter „an den Mann zu bringen". Ich war ein wenig verwirrt, da Rot normalerweise sehr aggressiv und auch sehr sexy wirkt. Nachdem ich ihr gesagt hatte, dass die Aufmerksamkeit auch in eine andere Richtung gehen könnte, sagte sie: *„Weißt du was, ich komme das nächste Mal in dem besagten Kostüm. Dann kannst du dir selbst ein Bild machen."*
Als ich ihr das nächste Mal die Tür öffnete, war ich sehr verblüfft und auch irritiert. Das Kostüm war gar nicht sexy. Im Gegenteil. Es war sehr gut geschnitten und wirkte ausgesprochen seriös. Außerdem verfügte es über eine gute Stoffqualität und die Rocklänge war korrekt auf Kniehöhe. Ich stand mit offenem Mund da. Sie lachte und fragte, ob sie aus meiner Sicht noch Tipps für ihren Auftritt benötige. Ich verneinte, bot ihr aber Tipps an, wie sie täglich – auch ohne das Kostüm – eine solche Ausstrahlung nützen kann. Nur bei Meetings derart zu beeindrucken verschafft niemandem einen dauerhaften Karrieresprung. Wir nahmen das Kostüm zum Anlass, um über ihre Ausstrahlung zu sprechen. Rot brachte zum Ausdruck, was für ihren Job wichtig war, und ließ sie stärker wirken. Gemeinsam überlegten wir, wie sie ihren Auftritt im täglich Business aufwerten konnte: Wir wählten rote Tücher, rote Lederutensilien und roten

Schmuck als tägliche „Begleiter". Gleichzeitig stellte sich die Klientin eine rote Wand vor, wenn sie ins Büro ging. Alleine das Visualisieren der Farbe belebte und bestärkte sie.

Was für einen Zweck haben all die Gedanken und Pläne rund um die eigene Erscheinung? Sie arbeiten an sich selbst, um ein bestimmtes Ziel zu erreichen und um ein bestimmtes Bild in den Köpfen anderer zu erzeugen: *Sie sollen mich schlank sehen*", *Er soll mich attraktiv und anziehend finden*". Gleichzeitig wollen wir bestimmte Eindrücke bei anderen vermeiden. Wir wollen nicht „billig" erscheinen. Die Hose darf nicht zu eng wirken oder am Körper schlackern. Man pendelt sich gedanklich auf das Wunschergebnis ein – egal ob im Business oder privat. Männer stehen uns da mittlerweile nicht mehr nach. Das Thema „Auftritt" ist für beide Geschlechter immens wichtig.

Ähnliche Gedanken machen wir uns auch beim Inhalt unserer Aussagen oder der Art und Weise, wie wir sprechen. Werden wir lauter, wollen wir gehört werden. Verhalten wir uns ruhig und zurückhaltend, wollen wir zeigen, wie wichtig uns unser Gegenüber ist und wie gut wir zuhören können.

Vielleicht fällt Ihnen manchmal auf, dass Sie sich während eines Gesprächs aufrichten und dann plötzlich besser argumentieren können? Oder haben Sie schon einmal bemerkt, dass sich durch eine aufrechtere Haltung Ihre Stimme verändert? Auf alle diese Themen gehen wir in diesem Kapitel ein.

Es gibt nur einen ersten Eindruck

Die innere und äußere Haltung und die Kleidung sind im privaten und im beruflichen Bereich das A und O für die Nachhaltigkeit des eigenen Auftritts. Oft ist uns das bewusst, häufig vergessen wir jedoch auch darauf, wie sehr unsere Wirkung auf andere davon abhängt. Viele Frauen fürchten oberflächlich zu wirken, wenn sie auf diese Dinge zu viel Wert legen. Doch die grundlegenden Funktionsweisen des menschlichen Gehirns kann man nicht mit Vernunft in die Knie zwingen. Der erste Eindruck umfasst auch diese rein optischen Dinge. Und es ist nicht dienlich, diesen Aspekt des Seins außer Acht zu lassen – unabhängig davon, wie man persönlich dazu steht. Wie sehr ein erster Eindruck in die Hose gehen kann, wurde mir bei einigen Menschen schon sehr deutlich bewusst.

Ich wurde einmal zu einem Businessevent eingeladen. Wie üblich erwarteten mich viele Männer in Anzügen und Frauen in Kostümen oder Kleidern. Ich unterhielt mich in einer kleinen Gruppe gerade über Branchenentwicklungen, als sich eine Frau aus dem oberen Management zu uns gesellte. Sie war wie jeder und jede von uns businessmäßig gekleidet – aber sie roch nicht gut. Obwohl sie wirklich spannende Aspekte zu unserem Thema beisteuerte, konnte ich mich aufgrund des Geruchs nicht auf die Inhalte konzentrieren. Ich beobachtete die Runde – den anderen ging es ähnlich. Der intensive Körpergeruch war fast nicht auszuhalten. Irritiert entschuldigte ich mich und suchte das Weite. Als ich später einem Kollegen beim Buffet über den Weg lief, der auch an dem Gespräch teilgenommen hatte, kamen wir ins Plaudern. Nach nur wenigen Sekunden des Smalltalks sah er mich an und fragte mich mit aufgerissenen Augen und einem Seitenblick auf besagte Managerin, wie um Himmels willen ein Mensch so übel riechen könne. Ich antwortete diplomatisch: *„Vielleicht war der Tag stressig oder sie hat das Falsche gegessen."* Aber ich musste ihm zustimmen, dass es auch für mich sehr unangenehm gewesen war.

An diesem Beispiel merken Sie, dass es beim ersten Eindruck nicht immer nur auf die Kleidung ankommt. Es spielen viele verschiedene Faktoren mit. Aber eines ist klar: Wir Menschen werden schnell vom Inhalt abgelenkt, wenn seltsame Kleidung, unangenehme Gerüche oder etwas anderes, das sehr aus der üblichen Norm fällt, uns irritieren.

Ihre Glaubwürdigkeit hängt von Ihrer Haltung ab!

Vielleicht wundern Sie sich, warum ich dieses Kapitel mit der Beschreibung von privaten Situationen eingeleitet habe. Der Grund liegt darin, dass Frauen, die sich im Privatbereich viele Gedanken über Kleidung und Stil machen, diese privaten Erkenntnisse oft 1:1 in den beruflichen Bereich übertragen. In der Praxis führt das selten zum gewünschten Erfolg. Wenn frau im Job „richtig" wahrgenommen werden möchte, sollte sie eigentlich zwei „Kleiderschränke" besitzen. Einen für den Job und einen für das Privatleben.

Doch bevor wir überhaupt zu den Äußerlichkeiten wie Kleidung kommen, fangen wir bei jenem Aspekt an, an dem die Wirkung der Kleidung hängt: bei der körperlichen Haltung. Ihre innere Stärke, Stimme und Auftritt sind glaubwürdiger, wenn Sie – im wahrsten Sinn des Wortes – Haltung annehmen.

Sie fragen sich vielleicht: Was hat meine Körperhaltung mit meiner Glaubwürdigkeit zu tun? Mehr, als Ihnen vielleicht bewusst ist. Versetzen Sie sich doch einmal in eine tieftraurige Situation: den Tod eines geliebten Menschen, eine Verletzung, die noch nicht geheilt ist, Liebeskummer, ... Wie spürt sich das an? Fühlen Sie tief in sich hinein! Beobachten Sie, wie Ihre Stimmung immer schlechter und negativer wird! Und jetzt richten Sie Ihre Aufmerksamkeit auf Ihre Körperhaltung: Sind Sie in sich zusammengesunken, gekrümmt und gebückt? Kein

Wunder, Sie wollen sich schützen und würden sich vielleicht am liebsten eine Decke über den Kopf ziehen. Genau diese Gefühle exportiert unser Körper unbewusst nach außen. Die Gedanken beherrschen unsere Haltung. Aus diesem Grund funktionieren Mentaltrainings. Wer aufrichtig und wertschätzend zu sich selbst ist, steht „aufrechter" im Leben.

Das sticht auch Beobachtern ins Auge: Die Körperhaltung ist ein untrüglicher Indikator dafür, was der Beobachtete von sich selbst hält. Wer sichtlich mit beiden Beinen im Leben steht, den kann so schnell nichts umwerfen. Oder im Umkehrschluss: Eine gekrümmte Haltung ist ein untrügliches Zeichen dafür, dass „es einem schlecht geht" und dass man eine Last mit sich herumträgt. Sehr oft ist es die Angst vor dem eigenen Versagen oder davor, nicht perfekt zu sein. Letzteres ist leider – wie wir schon in den vorangegangenen Kapiteln gehört haben – eine weibliche Spezialität.

In meinen Seminaren trainieren wir das Gehen und die richtige Haltung, indem wir uns darin üben, achtsam zu sein. Gemeinsam mit einer Körperspezialistin lasse ich die Teilnehmerinnen im Raum umhergehen. Dabei fragen wir die Frauen, wie es sich anspürt. Hektisch, langsam, ruhig, aufrecht, gekrümmt?

In diesen Übungen beobachte ich sehr aufmerksam. Meine Erkenntnisse: Frauen, die grundsätzlich sehr hektisch reden und gestikulieren, sind auch hektisch im Gang. Während dieser Übung werden sie langsamer, weil ihnen bewusst wird, wie schnell sie waren. Sie nehmen Tempo heraus und ihr Gesicht entspannt sich sehr rasch. Es entsteht sichtbare Ruhe in dem Menschen.

In der anschließenden Pause rede ich meist mit den Frauen und ganz besonders gerne mit den hektischen Frauen. Ihre Sprache und ihre Gestik haben sich zu diesem Zeitpunkt komplett verlangsamt. Sie sind weicher geworden und im Gespräch angenehm ruhig und entspannt. Für mich sind diese Übungen als Beobachterin immer sehr spannend, weil es letztlich nur auf Kleinigkeiten und auf die Eigenwahrnehmung ankommt, um mehr Ruhe zu bekommen. Langsame und gleichmäßige Bewegungen wirken auf andere Menschen kompetenter und man strahlt dadurch eine gewisse Stärke aus.

Bei ruhigen Frauen, die sehr zurückhalten sind – und daher so eine Übung nicht gerne machen –, beobachte ich einen umgekehrten Effekt. Durch die dezidierte Anweisung, erhaben und offen durch den Raum zu gehen, verändert sich der Gesichtsausdruck von einer anfänglichen Ängstlichkeit und Verwirrtheit hin zu Neugier und schließlich Stärke. Diese Frauen fühlen sich umso wohler, je länger die Übung dauert. Ihr Körper richtet sich auf und sie atmen viel freier als vorher.

Einige Teilnehmerinnen erzählen im Anschluss an solche Übungen, wie irritiert sie sind. Sie finden diese Übungen irgendwie komisch und auch unpassend. Eine typische Aussage ist: *„Ich kann mit dem Atmen nichts anfangen."* Das ist eigentlich eine sehr bedauerliche Rückmeldung. Denn der Atem ist das Wichtigste in unserem Leben. Ohne ihn hätten wir bzw. unser Körper ein nicht gerade kleines Problem. Ich habe oft mit der Körperspezialistin darüber diskutiert, warum gerade dieser essenzielle Vorgang Menschen plötzlich so fremd erscheint. Ihre Meinung dazu lautet: *„Wir haben in unserer schnelllebigen Zeit verlernt mit unserem Körper bzw. unserem Atem richtig und achtsam umzugehen. Wir atmen zu wenig und wir geben unserer Haltung zu wenig Aufmerksamkeit."*

Die Übung „Durch den Raum gehen" können Sie übrigens recht unkompliziert selbst ausprobieren. Ich mache das gerne nach einem stressigen Arbeitstag oder nach einer anstrengenden Woche während eines Spaziergangs. An meinem Gang kann ich selbst feststellen, wo es „eckt". Wenn ich sehr gebückt gehe, lastet meist etwas auf mir oder wenn ich zu hektisch und mit dem Kopf nach vorne geneigt gehe, dann fühle ich mich unter Druck. Je länger ich gehe, desto bewusster werde ich mir darüber, wo Blockaden vorliegen. Meist hängt es sehr stark mit einer ungelösten Situation im Büro oder mit Kunden zusammen.

Lassen Sie sich nicht hängen

Eines Tages kam eine meiner Klientinnen tieftraurig und in auffallend gebückter Haltung zu einem Termin. Der Kopf war wie bei einer Schildkröte nach vorne gezogen, der Rücken rund und nicht gerade, die Arme energielos nach unten hängend. Mir war sofort klar, dass wir inmitten dieser offensichtlich immens belastenden Situation wohl kaum ernsthaft an ihrem Businessplan für ihr eigenes Unternehmen arbeiten konnten. Nach einem kurzen Einführungsgespräch fragte ich vorsichtig nach, welche Last ihr momentan so zu schaffen machte. Ich erfuhr, dass eine enge Freundin im Sterben lag und die Klientin sich schwere Vorwürfe machte, weil sie dachte, nicht genug für sie da sein zu können. Gleichzeitig war sie mit dem, was sie in dieser Situation für eine angemessene Zuwendung hielt, überfordert. Ich konnte die körperlich sichtbar gemachte Belastung nur zu gut verstehen, wollte ihr jedoch auch vorsichtig zeigen, dass der Druck wahrscheinlich hausgemacht ist. *„Benötigt Ihre Freundin wirklich so viel Aufmerksamkeit von Ihnen, wie Sie glauben ihr geben zu müssen?"*, fragte ich. *„Nein. Sie hat genügend Menschen um sich, die ihr näher stehen als ich."*

Das berüchtigte Helfersyndrom hatte zugeschlagen und sorgte dafür, dass sich meine Klientin so richtig mies fühlte. Nie im Leben hätte die Freundin von ihr verlangt mehr für sie da zu sein – geschweige denn, dass sie ihr einen Vorwurf gemacht hätte. Tatsächlich hatte meine Klientin sich in ganz vorbildlicher Weise als Freundin um sie gekümmert. Doch im Kopf meiner Klientin hatte sich längst ein anderes Bild der Situation manifestiert und ließ ihr keine Ruhe mehr. Sie geriet in einen selbst konstruierten Teufelskreis. Je schlechter sie sich fühlte, weil sie scheinbar nicht genug beitragen konnte, desto mehr glaubte sie beitragen zu müssen.

Die Klientin hatte übrigens auch nie bei der Freundin nachgefragt, welche Erwartungen und Wünsche diese hatte. Als wir uns diese Situation gemeinsam anschauten, meinte sie sogar, dass es für die Freundin vermutlich höchst unangenehm war, so im Mittelpunkt zu stehen. Doch diese Erkenntnis kam erst nach wochenlangen Selbstvorwürfen, die zwar ehrenhaft, aber im Endeffekt völlig sinnlos gewesen waren.

Wichtig ist, wie gerade an diesem Beispiel gut zu erkennen ist, dass Sie nicht etwas übernehmen, was nicht zu Ihnen gehört. Diese Klientin hatte sich etwas „angehängt" – wie auch ihrer Körperhaltung klar zu entnehmen war. Sie hatte selbst eine Verantwortung übernehmen wollen, obwohl ihre Freundin nie etwas gesagt hatte und dies auch nicht nötig gewesen war. Fragen Sie deshalb immer nach, ob Ihre Hilfe notwendig ist, und bleiben Sie in schwierigen Zeiten positiv gestimmt und aufrecht in Ihrer Haltung.

Die Haltung gegenüber dem Vorgesetzten

Eine Klientin suchte mich auf, um Unterstützung bei der Joborientierung zu erhalten. In der ersten Sitzung analysierten wir, wohin sie gerne kommen würde und was sie bisher aufgehalten hat. Irgendwie irritierte mich etwas an ihr – was aber weniger mit den Gesprächsinhalten zu tun hatte, sondern ihre Körpersprache betraf.

Sie saß sehr gerade im Sessel, hatte die Hände im Schoß

gefaltet und verblieb beim Analysieren ihrer derzeitigen Situation in einer geradezu starren Haltung. Ich fragte nach, wie es ihr mit ihrem Vorgesetzten ging und was für ein Typ Mensch er war. Sie sprach generell sehr wertschätzend und vorsichtig, bewegte aber plötzlich beim Thema „Chef" ihren Oberkörper hin und her. Nach einigem vorsichtigen Nachfragen erzählte sie mir den Grund dafür: Ihr Vorgesetzter war zwar mit ihrer Arbeit zufrieden, fand aber immer wieder etwas zu beanstanden – selbst wenn die Klientin der Meinung war, dass sie ein perfektes Ergebnis abgeliefert hatte. Mittlerweile verzweifelte sie an diesem Muster. Es nagte spürbar an ihrem Selbstwert und sie hatte das Gefühl, nach zwei Jahren in dieser Abteilung nichts mehr auf die Reihe zu bekommen.

Am Unternehmen selbst lag es nicht. Sie war schon in anderen Abteilungen sehr erfolgreich und ohne Probleme tätig gewesen. Dort hatte sie Lob und Kritik erhalten und konnte gut damit umgehen. Die Art des aktuellen Chefs rieb sie jedoch auf: Jedem Lob folgten unzählige Kritikpunkte – bis hin zu unbedeutenden Details. Anfangs versuchte sie zu argumentieren – doch irgendwann resignierte sie. Der Vorgesetzte wusste alles grundsätzlich besser. In dieser freudlosen Mitarbeiterin-Chef-Beziehung lebte sie schließlich seit mehr als fünf (!) Jahren.

Drei Monate vor unserem Termin stellte sie plötzlich eine große Veränderung fest: Sie zweifelte an der Qualität ihrer Arbeit – obwohl sie außerhalb der Abteilung regelmäßig sehr positives Feedback bekam und sich mit ihrem Geschäftserfolg eine Bonuszahlung erarbeitet hatte. Doch das permanente Sticheln ihres Chefs machte diese Erfolge schnell vergessen. Die Motivation schwand, immer öfter und länger flüchtete sie in den Krankenstand und empfand keinerlei Spaß mehr an ihrer Arbeit.

Die Zeichen standen also auf Veränderung. Ich legte ihr

ans Herz, zu versuchen sich in dieser Abteilung „aufzurichten", ehe sie den Job wechselte. Als ich mich erkundigte, ob jemals jemand den Vorgesetzten gefragt hatte, warum er immer etwas zu beanstanden hat, verneinte sie.

Ein Gespräch mit dem Vorgesetzten war notwendig, damit sie aus erster Hand erfahren konnte, was der Grund für sein Verhalten war. Gleichzeitig vereinbarten wir, dass sie für dieses Gespräch Fakten vorbereiten solle, die ihre gute Arbeit für das Unternehmen belegen würden. Vor dem Tag X spielten wir das Gespräch zigmal in jeder Einzelheit durch, um ihre Nervosität zu minimieren.

In der nächsten Sitzung saß sie mir stark verändert gegenüber – wacher und entspannter. Ihr Chef – so erzählte sie – war sehr zufrieden mit ihr. Ihm waren die ständigen Sticheleien nicht bewusst. Seine Sicht der Dinge beschrieb er so: Er hatte die Klientin als sehr ehrgeizig und lernwillig erlebt – und sie daher immer wieder mit fordernden Verbesserungsvorschlägen versorgt. Was für eine unterschiedliche Sichtweise zu ihrer Wahrnehmung! Der Chef war dankbar und begrüßte die Initiative seiner Mitarbeiterin, Klarheit zu schaffen. Er hatte vor dem Gespräch gedacht, dass sie private Probleme hätte, weil sie augenscheinlich nicht mehr motiviert war.

Mit all diesem Wissen und den neuen Fragetechniken im Hinterkopf hatte sie künftig mehr Kontrolle in den Gesprächen mit ihrem Vorgesetzten. Sie konnte Kritik besser annehmen – er wiederum reduzierte die kritischen Anmerkungen auf wichtige Situationen. Somit pendelte sich die Situation wieder ein. Die Klientin ist noch immer für das Unternehmen tätig – und mittlerweile weiter aufgestiegen.

Fazit: Konstruieren Sie nicht, sondern fragen Sie! Durch Gedankenspiele ohne jegliche faktische Grundlage erreichen Sie nur eines: Sie zerstören sich völlig sinn- und zwecklos Ihre innere und äußere Haltung. Nach der kurzen Lösung der belastenden Situation ging ein Ruck durch das Leben und durch den Körper der Klientin: Sie war nicht nur gedanklich freier und unbeschwerter, sondern auch in ihrer Körperhaltung wieder aufgerichtet und gelöster. Oft ist die Klarheit schon die Lösung. Nicht immer muss es bei einer schwierigen Situation eine Lösung geben. Im Coaching erlebe ich oft, dass es manchen Klientinnen Erleichterung bringt, wenn sie eine Situation klar sehen und auch die Einflussfaktoren auf das Problem. Nicht selten kommt die Aussage *„Mehr brauche ich nicht"*. Klarheit schafft Verständnis und somit möglicherweise auch die Lösung.

Eine Hammer-Geschichte

Kennen Sie die berühmte Geschichte von dem Mann, der sich von seinem Nachbarn einen Hammer ausborgen möchte?

Ein Mann will ein Bild aufhängen. Er hat einen Nagel, aber keinen Hammer, um ihn einzuschlagen. Der Mann beschließt den Nachbarn darum zu bitten, sich dessen Hammer ausleihen zu dürfen. Doch am Weg zum Haus des Nachbarn kommen ihm Zweifel: „Was soll ich tun, wenn der Nachbar mir den Hammer nicht borgen möchte? Gestern hat er schon so seltsam flüchtig gegrüßt. Vielleicht war er in Eile. Aber vielleicht war das auch nur ein Vorwand, um seine Abneigung gegen mich zu kaschieren. Ha, Abneigung! Aus welchem Grund? Ich habe ihm nichts getan! Keine Ahnung, was sich der einbildet. Wenn jemand zu mir kommt, um sich ein Werkzeug auszuleihen, würde ich das sofort tun. Aber er glaubt wohl, dass er etwas Besseres ist. Wie kann man nur einem Mitmenschen einen so simplen Gefallen verwehren? Leute wie dieser Kerl vergiften das Klima in der ganzen Nachbarschaft. Am Ende bildet er sich vielleicht noch ein, dass ich auf ihn angewiesen bin – nur weil er einen Hammer hat. Ich hab diese Mätzchen satt!" Inzwischen ist er am Haus des Nachbarn angekommen und läutet dort Sturm. Nach wenigen Sekunden öffnet der Nachbar die Tür, doch bevor er ein Wort sagen kann, schreit ihn der Mann an: „Behalten Sie doch Ihren Hammer, Sie Rüpel!"

Diese kurz zusammengefasste Geschichte findet sich in dem Buch „Anleitung zum Unglücklichsein" von Paul Watzlawick. Sie ist ein Klassiker, der sehr eindringlich aufzeigt, wie unsere Gedanken unser Verhalten beeinflussen. Nicht nur das: Sie beeinflussen auch unsere Haltung. Und wie in der Geschichte braucht es oft nur einen Impuls, um – ähnlich wie bei einer Reihe aus aufgestellten Dominosteinen – ein ganzes Weltbild zum Kippen zu bringen.

Nachdem ich diese Geschichte in einem Seminar erzählt hatte, kam eine Teilnehmerin zu mir und berichtete mir sehr aufgebracht folgende Episode aus ihrem Berufsalltag. Sie fühlte sich durch die Geschichte „ertappt". Als Abteilungsleiterin in einem großen Konzern koordinierte sie bei Projekten die Beiträge vieler Abteilungen. Die Deadline eines wichtigen Projekts rückte immer näher und die Unterlagen der meisten Abteilungen waren nicht – wie vereinbart – fertig. Obwohl der definitive Abgabetermin noch eine Woche in der Zukunft lag, wollte sie die Arbeit möglichst früh abschließen, da sie weitere Aufgaben zu bewältigen hatte.

Als eine Kollegin aus einem anderen Bereich des Unternehmens in dieser Situation zufällig im Büro vorbeischaute, begannen die zwei Frauen zu plaudern. Auch die Kollegin hatte gerade schlechte Erfahrungen mit der Terminverantwortlichkeit mancher Abteilungen gemacht und bald steigerte sich das Gespräch zu einer wuterfüllten Tirade gegen „all die anderen", die ihnen das „Leben schwer machten". Und überhaupt: War nicht das ganze Unternehmen eine Ansammlung von verantwortungslosen Dampfplauderern!? Die Empörung schaukelte sich weiter hoch. Während sie mir das erzählte, zog die Seminarteilnehmerin eine intensive Schamesröte auf. Es war ihr mehr als peinlich und ich malte mir insgeheim schon aus, wohin diese Geschichte führen würde.

Mit dieser aufgeschaukelten und selbstinszenierten Gedankenwelt „aufgeladen" nahm sie am nächsten Tag an einer Abteilungsleitersitzung teil – gemeinsam mit einigen Kollegen, denen die harschen Worte am Vortag gegolten hatten. Eine Kollegin schnitt passenderweise das Thema „Terminvereinbarungen" an. Es wäre wichtig, dass sich alle an die vereinbarten Fristen halten. Alle in der Runde nickten und stimmten zu – alle bis auf meine Seminarteilnehmerin. Sie wurde von dieser Aufforderung völlig aus der Fassung gebracht und schilderte mit deutlichen Worten, wie es ihr in dem wichtigen Projekt erging. Eine intensive Diskussion entstand, in der sich auch die anderen Teilnehmer Schritt für Schritt in Rage redeten.

Nach einer halben Stunde heftiger Vorwürfe, Zurückweisungen und Rundumschlägen griff ein bisher wenig am Gespräch beteiligter Projektverantwortlicher zum Terminkalender und sagte ganz gelassen: *„Ich bitte kurz um Aufmerksamkeit. Liebe Kollegin, ich möchte nur darauf hinweisen, dass wir die Unterlagen laut Projektplan erst nächste Woche abzuliefern haben. Wie ich gerade per E-Mail feststellen konnte, werden Sie die Unterlagen innerhalb der vereinbarten Frist erhalten."*

Erst zu diesem Zeitpunkt fiel meiner Seminarteilnehmerin wieder ein, wie diese ganze Geschichte überhaupt ins Rollen gekommen war: Sie hatte einfach die Verantwortung für zu viele Projekte getragen und der dadurch entstandene Stress hatte alles aus dem Ruder laufen lassen. Ihr Verhalten war ihr unglaublich peinlich und sie entschuldigte sich noch während der Sitzung in aller Form bei ihren Kollegen. Ihre Scham war selbst noch bei der Nacherzählung spürbar.

Ich dankte ihr für ihr Vertrauen und bat Sie diese Geschichte nach der Pause auch mit der Gruppe zu teilen. Danach gab es seitens der anderen Teilnehmerinnen viel Verständnis und Respekt. Denn eigentlich ist jedem klar, dass man sehr schnell selbst in diesem „Hamsterrad der Gedanken" landen kann.

Durch diese Geschichten merken Sie, dass wir uns gerne in unserer Gedankenwelt etwas konstruieren. Manche Personen vergessen sogar, warum sie in Rage sind und so ausfällig werden. Bleiben Sie sachlich und wenn Sie einmal in Wut geraten, analysieren Sie auch den Hintergrund, wie es dazu kommen konnte.

Vorsicht Energievampire!

Mir hat vor Jahren ein Sporttrainer bestätigt, dass Menschen aufgrund ihrer inneren Haltung Berge versetzen und Spitzenleistungen erzielen können. Jeder Spitzensportler weiß aber auch, dass eine ungünstige innere Haltung zu sich selbst zum größten Handicap werden kann. Zweifel kosten Energie – egal ob sie von einem selbst oder von außen kommen. Sicherlich haben Sie ebenfalls Erfahrung mit Menschen, die nicht müde werden einem zu sagen, was alles *nicht* geht.

Aber was hat das nun alles mit uns Frauen zu tun? Meiner Erfahrung nach ist es eine Kombination aus Selbstzweifeln und Konfrontationen mit „Energievampiren", die viele Frauen daran hindert, dort hinzukommen, wo sie beruflich hin wollen. Auch Männer sind diesen Dingen ausgesetzt – allerdings etwas gefeiter davor, daran zu zerbrechen. Männer sind im Durchschnitt überzeugter von ihrer Arbeit und ihren Leistungen. Sie hinterfragen und analysieren sich weniger, zumindest tragen sie dies nicht nach außen. Frauen hinterfragen sich und ihre Umgebung. Sie analysieren scheinbare

Peinlichkeiten, ihren Auftritt und ihre Leistungen. Sie haben grundsätzlich mehr Selbstzweifel als Männer.

Bei Präsentationen wollen z.B. Frauen zu 150% entsprechen. Männern reichen meist schon 70%, um sich gut zu fühlen. Je mehr sich eine Frau analysiert und hinterfragt, desto mehr können andere Menschen sie aus dem Gleichgewicht bringen. Habe ich zu viele Selbstzweifel, ist jede Kritik ein Tropfen mehr, der das Fass mit Zweifeln füllt. Irgendwann geht es über. Ich habe schon sehr erfolgreiche Frauen gesehen, die nach der Kinderauszeit mit wenig bis gar keinem Selbstwert bei mir gesessen sind. Sie erzählten mir ausführlich von ihren Zweifeln.

Keine Frage, dass es nicht immer ein leichtes Unterfangen für Frauen ist, mit solchen Voraussetzungen Haltung zu bewahren. Doch es ist möglich, sinnvoll und oft leichter, als es den Anschein hat.

Anbei ein paar Ansätze, die es Ihnen erleichtern, Ihre innere und äußere Haltung erschütterungsfest(er) zu machen:

Gehen Sie Energieräubern – also Menschen, die in allem nur das Schlechte sehen – aus dem Weg! Sie begegnen solchen Menschen vielleicht, wenn Sie ein Projekt starten. „Energievampire" zählen aus dem Stand zehn oder mehr Argumente auf, warum etwas nicht funktionieren kann oder wird. Es können Eltern, Geschwister, Freunde, Vorgesetzte oder Kollegen sein. Meistens steht man zu den dreistesten Exemplaren dieser Gattung in einer beruflichen oder engen persönlichen Verbindung, die man nicht so einfach ausblenden kann.

Folgende Geschichten werden Ihnen wahrscheinlich so oder so ähnlich schon passiert sein:

Sie kommen nach einem herrlichen Wochenende gut gelaunt ins Büro. Der Abschluss eines wichtigen Projektes steht in dieser Woche an und Sie freuen sich richtiggehend darauf, obwohl die Zeit dafür wieder einmal viel zu knapp bemessen war. Doch der Terminplan wurde dank der letzten intensiven und arbeitsreichen Wochen eingehalten und eigentlich sollte sich alles problemlos ausgehen.

Die ebenfalls involvierte Kollegin ist ganz anderer Meinung: *„Heute ist kein guter Tag"*, stöhnt sie, während sie ihre Handtasche unter den Schreibtisch pfeffert. *„Dieses Projekt treibt mich in den Wahnsinn. Alles viel zu knapp! Dieser Stress macht mich krank! Du willst auch nicht wissen, wie es derzeit privat bei mir zugeht. Das Wochenende war der reinste Horror."* Mit hängenden Schultern schlurft sie zur Kaffeemaschine. *„Wir sollten wirklich nach oben rückmelden, dass dieses Projekt einfach nicht in dieser Zeit zu bewältigen ist. Schon gar nicht, wenn dieser Maier wie immer erst eine Woche nach dem vereinbarten Zeitpunkt mit den Listen daherkommt. Das wirft schließlich auch meinen ganzen Zeitplan durcheinander. Aber das ist dem ja egal! Wir sind immer die Letzten in der Nahrungskette und kriegen als Erste Prügel, wenn es dann nicht klappt."*

Welchen Einfluss wird dieser Monolog wohl auf Ihre Motivation und Stimmung haben? Wahrscheinlich werden Sie plötzlich selbst am Abschluss des Projekts zweifeln, obwohl Sie vor ein paar Minuten noch so sicher waren, dass alles zu bewältigen ist.

Die genannte Kollegin ist das Paradebeispiel für eine Energieräuberin, die anderen ihre persönlichen und zutiefst destruktiven Befindlichkeiten „umhängt". Ähnliches wird sich an diesem (und an anderen Tagen) wohl noch öfters abspielen. Doch wie tritt man solchen Menschen am besten entgegen? Seien Sie empathisch und zeigen Sie Verständnis für ihre persönliche Situation. Aber verlassen Sie sich in der Einschätzung der Lage auf Ihre Kompetenz und Erfahrung, anstatt sich die Ängste eines anderen Menschen aufpfropfen zu lassen.

Folgende Variante wäre in dieser Situation ein eleganter Ausweg: *„Das tut mir aber leid, dass dein Wochenende* *nicht einfach war. Sieht so aus, als ob du momentan einiges um die Ohren hast. Ich würde es gut finden, wenn das Team sich heute kurz zusammensetzt und die Abschlussphase des Projekts bespricht. Vielleicht können wir dich ja ein wenig unterstützen, damit wir das Projekt gemeinsam erfolgreich diese Woche über die Bühne bringen.*" Was passiert in dieser Situation? Sie haben der Kollegin Achtung erwiesen und Mitgefühl für ihre Situation gezeigt.

Ihnen ist natürlich bewusst, dass die Negativität der Kollegin wohl nichts oder wenig mit dem Projekt zu tun hat, sondern sie momentan generell überfordert zu sein scheint. Urteilen Sie jedoch nicht! Sie könnten zu einem anderen Zeitpunkt sehr schnell in einer ähnlichen Lage stecken. Was wünscht man sich dann? Verständnis, Wertschätzung und Unterstützung. Gleichzeitig gelingt es mit dieser Erwiderung, die negative Energie der Kollegin abzublocken. Dadurch erspart man sich die Erfahrung, dass einem jegliche Motivation und Arbeitsfreude zunichtegemacht wird.

Das alles ist hier natürlich leicht gesagt. In der Praxis kann einem diese Abgeklärtheit sehr schwerfallen – vor allem wenn „Energieräuber" im Rudel auftreten. Sind in einem Team oder z.b. in der Familie mehrere auf der destruktiven Schiene unterwegs, erfordert das ein gewisses Maß an Gelassenheit und Selbstvertrauen. Mein Tipp: Bleiben Sie ganz bei sich, atmen Sie durch, respektieren Sie die Sichtweise der anderen – aber handeln Sie nach Ihren Vorstellungen und Überzeugungen.

Mir ist ein Gespräch mit einer jungen Kollegin in Erinnerung geblieben, die beruflich recht früh sehr weit gekommen war. Ich fragte sie, was ihr Geheimnis ist. Sie antwortete: *„Ich glaube, dass ich immer an meinem Bauchgefühl festgehalten habe – selbst wenn Familie oder Freunde anderer Meinung waren und große Energien aufwandten, um mir klarzumachen, warum ich die Finger von etwas lassen soll-*

te." Das bringt es für mich sehr schön auf den Punkt. Wenn wir immer auf andere hören, verpassen wir unser eigenes Leben mit unseren eigenen Fehlern, Vorstellungen, Träumen und Erfolgen.

Hätten Erfinder auf jene Menschen gehört, die ihnen den Misserfolg in schillerndsten Farben ausgemalt haben, hätte es vielleicht Dinge wie die Glühbirne, Dampfkraft oder Facebook nie gegeben. Glauben Sie an sich und Ihre Fähigkeiten und wahren Sie gegenüber Energieräubern einen respektvollen Abstand.

Wie denken Sie eigentlich über sich selbst? Sie wissen, wir hatten dieses Thema schon. Sie kennen das Ungleichgewicht zwischen der eigenen positiven und negativen Betrachtungsweise bereits, und das macht es manchmal ganz schön schwierig – in Extremfällen sogar unmöglich –, „aufrecht" durchs Leben zu gehen. Wer es schafft, an sich selbst zu glauben, dem steht ein enormes Potenzial an Energie und Durchhaltevermögen zur Verfügung, wie folgende Geschichte beweist.

Ein begnadeter Motivator erzählte mir vom Wunsch seines Sohnes nach einem ziemlich teuren Snowboard. „*Geniales Gerät. Und wie willst du das gute Stück bekommen?*" – „*Papa, du verdienst so gut und ich dachte, du kaufst mir das Board.*" – „*Pass auf, Sohn, wir vereinbaren einen Deal: Wenn es dir wirklich wichtig ist, wirst du das Board auch ohne mein Geld bekommen. Ich werde dich aber bei deinen Ideen und Plänen unterstützen, wo ich nur kann.*"

Sie werden es schon vermuten: Der Sohn hat das Board letztlich auf legalem und selbstständigem Weg organisiert. Er hat Zeitungen ausgetragen und seine Verwandtschaft dazu gebracht, Kuchen zu backen, den er bei einem Elternabend mit Rücksprache der Lehrer verkauft hatte. Während des Verkaufens teilte er mit den Kunden seine Motivation für diese Aktion. Die Kunden bekamen also Kuchen und eine herzerwärmende Geschichte über Leidenschaft und Zielstrebigkeit. Er bekam dadurch mehr Geld, als er eigentlich verlangt hatte. Der junge Mann lernte auf diesem Weg, dass ein Ziel mit Fundament auch bei anderen eine Motivation auslöst. Die Voraussetzungen für diesen Erfolg: Er glaubte an sich und bekam Unterstützung von außen. Sein nächstes Ziel war übrigens, die signierte Gitarre eines berühmten Rockstars zu besitzen.

Kein Erfolg gleicht dem anderen

Jeder Mensch motiviert sich für unterschiedliche Ziele und hat unterschiedliche Vorgehensweisen, um diese Ziele zu erreichen. Es gibt Unmengen von Büchern, die „Zehn Schritte zum Erfolg" oder andere Binsenweisheiten zum Inhalt haben. Aus meiner Sicht gibt es diese Patentrezepte nicht, da jeder Mensch unterschiedlich tickt. Nicht alles davon ist heiße Luft. Aber vielleicht sind nur fünf von zehn Schritten für Sie als individuelle Persönlichkeit hilfreich und die anderen völlig wertlos. Möglicherweise bringen Sie diese anderen fünf Empfehlungen, die für andere berechtigt und zielführend sind, sogar in Teufels Küche, weil sie nicht zu Ihrer Persönlichkeit passen. Was den einen beflügelt, geht dem anderen gegen den Strich. Das todsichere Patentrezept für Erfolg gibt es nicht. Sonst würde die Welt ja nur so vor erfolgreichen Menschen wimmeln.

Was ich Ihnen jedoch mit auf den Weg geben möchte, sind simple Empfehlungen, wie Sie Ihre Seele und sich selbst besser behandeln – und dadurch mit mehr Überzeugung an sich selbst und Ihre Vorhaben glauben und sich besser präsentieren: Fangen wir mit etwas scheinbar Simplem an, dass ich übrigens nur Frauen empfehle. Stellen Sie sich vor den Spiegel und betrachten Sie sich. Die Aufgabe: Finden Sie mindestens 15 Punkte, die Ihnen an sich besonders gefallen. Nur Mut. Nehmen Sie sich Zeit. Ich gehe auch mit gutem Beispiel voran: Mir gefallen an mir meine Hände. Ich mag auch meine Augen, weil sie die Farbe wechseln. Sie sind grün, wenn ich aufgeregt bin, und braun, wenn ich entspannt bin.

Alle 15 Punkte verrate ich Ihnen nicht. Aber ich wollte Ihnen ein paar Beispiele geben, damit Sie sich leichter damit tun, das Herausragende an sich selbst zu entdecken. Schauen Sie genau hin und Sie werden einiges finden. Beschreiben Sie diese Dinge und auch den Grund, warum Sie gerade darauf stolz sind. Es geht bei dieser Übung nicht um eine Schönheitskonkurrenz, sondern um Aufmerksamkeit, Mut und Wertschätzung sich selbst gegenüber, damit Sie sich besser präsentieren.

Für die meisten Männer funktioniert diese Übung nicht so wirklich. Männer betrachten sich im Spiegel und sehen nur Dinge, die ihnen gefallen. Statt Selbstzweifeln kommen eher Erklärungen auf, die auch öfter mal laut in einer Runde ausgesprochen werden. Da wird ein Bauch schon einmal zum männlichen Statussymbol („Ein Mann ohne Bauch ist kein Mann"). Eine Glatze wird zum Charakterkopf und die Unsportlichkeit zur cleveren Lebensweise „Sport ist Mord".

Frauen, die sich selbst beurteilen, legen einen unglaublich kritischen Maßstab an. In diesem Ausmaß würden wir das bei anderen Personen nie tun. Und diese übrigens auch nie bei uns. Darum ist es wichtig, diese Übung mehrmals täglich zu wiederholen. So oft Sie vor einem Spiegel stehen oder z.B. auf die Toilette gehen, haben Sie Zeit dafür. Es muss dabei nicht immer um körperliche Dinge gehen. Ein „*Heute strahlst du aber wieder ganz besonders*" kann einiges in Bewegung bringen. Auch ein herzliches „*Diese Präsentation war nicht einfach, aber du hast das wirklich toll hingekriegt"* verändert vieles. Wenn Sie sich dabei vielleicht komisch vorkommen, garnieren Sie das Ganze mit einer gehörigen Portion Augenzwinkern: *„Also wirklich, deine Augenringe sind unglaublich. Man sieht dir die letzten zwei Wochen harte Arbeit an."* Oder: *„Deine Frisur ist heute aber top. Kopf hoch und weiter geht es."* Was passiert? Sie lächeln sich selbst zu, nehmen sich selbst nicht so ernst und werden entspannter im Umgang mit sich selbst.

Sie gestehen sich ein, dass das Leben viele Seiten hat und dass der absolute und unerreichbare Perfektionsanspruch letztlich eine Hirnwichserei ist, die Ihnen nicht dient. Erfolg hängt sehr stark mit dem Selbstwert zusammen und mit dem eigenen Auftritt. Stehen Sie mehr zu sich, erkennen Sie Ihre Stärken und setzen Sie diese bewusst ein.

Wenn wir schon hier sind, bleiben wir doch noch eine Weile vor dem Spiegel: Mit einer Coaching-Klientin kam ich wegen ihrer inneren Einstellung auf fachlicher Ebene nicht weiter. Trotz vieler angebotener Impulse schaffte sie es nicht, an sich zu glauben, sondern erzählte mir immer wieder ausführlich, warum die Dinge nicht funktionieren könnten. Selbst der Interventionskniff der destruktiven Bestätigung klappte nicht. Mit einem *„Sie haben recht, Sie werden es nicht schaffen",* stellte ich mich als Feindbild zur Verfügung. Das sorgte aber nur sehr kurz dafür, dass sich die Klientin dadurch selbst wieder motivierte.

Ich resignierte und sagte ihr, dass ich wohl nicht die richtige sei, um sie zu begleiten. Doch auch das wollte sie nicht akzeptieren. Schließlich waren wir doch schon „so weit gekommen". Also vereinbarten wir einen Deal: *„Wir machen weiter, wenn Sie mir versprechen, dass Sie sich täglich zumindest drei Minuten vor den Spiegel stellen und sich selbst sagen, dass Sie alles schaffen, was Sie sich wünschen."* Sie meinte: *„Was? Mehr muss ich nicht machen?"* Zu dem Zeitpunkt hatte sie noch keine Ahnung, wie lange drei Minuten sein können. *„Nein, das ist alles. Wir starten heute und sehen uns in zwei Wochen wieder."*

Sie erschien nach vierzehn Tagen zum vereinbarten Termin und war sichtlich besser drauf, sie lächelte, die Augen waren offener und zeigten einen klaren Blick, ihre Haltung war aufrecht und der Händedruck stärker als sonst. Ich fragte, was passiert ist. *„Ich kann es selbst nicht nachvollziehen, aber irgendwie ist es besser."* Natürlich war es damit noch nicht getan. Sie zweifelte nach wie vor an sich, aber wir hatten eine Grundlage geschaffen, mit der ein sinnvolles Weiterarbeiten möglich war. Sie wollte in der Führungsebene weiter aufsteigen. Wir hatten drei weitere Termine vor uns und sie bekam letztlich die Position, die sie angestrebt hatte. Sie wurde auch im Unternehmen anders wahrgenommen und hatte es leichter, ihre Wünsche und ihre Vorstellungen durchzusetzen.

Während unserer Arbeit hat sie sich an unseren Deal gehalten und täglich drei Minuten in ihren Selbstwert investiert. Auf ihren Wunsch hin habe ich diese Übung noch erweitert: Neben dem Fokus auf das äußerliche Erscheinungsbild sind natürlich auch die berühmten „inneren Werte" einen aufmerksamen Blick wert. Die Erweiterung lautete deshalb: „Finden und notieren Sie 15 oder mehr Eigenschaften/Kenntnisse/Talente, von denen Sie glauben, dass Sie diese besonders auszeichnen. Sie müssen dazu nicht vor dem Spiegel stehen. Es ist sogar besser, sich zum Nachdenken ein ruhiges Plätzchen zu suchen und sich ausreichend Zeit dafür zu nehmen. Erstellen Sie eine Liste, tragen Sie diese immer bei sich und werfen Sie täglich einen Blick darauf. Die Liste darf natürlich jederzeit ergänzt werden."

In diesem Zusammenhang erwähne ich immer gerne eine Teilnehmerin aus einem meiner Lehrgänge: Sie war Geschäftsführerin – hatte also bereits eine Topposition in einem Unternehmen inne. Ihr Motiv für den Besuch des Lehrgangs war, mehr Führungswerkzeuge in die Hand zu bekommen. Sie wollte aber auch an sich arbeiten, um einen besseren Auftritt in der Öffentlichkeit zu haben. Während des aus vier Modulen bestehenden Lehrgangs fanden wir natürlich einige Themen und arbeiteten daran.

Sie hatte im Bereich Auftritt wirklich ein Handicap. Sie fühlte sich auf der Bühne nicht wohl, sondern „huschte" aufs Podium und so schnell wie möglich wieder herunter. Im Lehrgang lernte sie damit umzugehen, indem ihr die Gruppe ihr Verhalten spiegelte und sie die Präsentationen immer wieder übte. Wenn ihr Drang sehr groß war, die Bühne rasch zu verlassen, fing sie sich innerlich und blieb stehen. Mit den Übungen veränderte sie ihre innere und äußere Haltung zu diesem Thema.

Am Ende des letzten Moduls teilte sie mit der Gruppe ein Feedback. Sie hatte von einer Fachgruppe die Rückmeldung bekommen, dass sie sich in den letzten Monaten gewaltig verändert hatte. Sie wäre klarer in ihren Aussagen, bringe ihre Wünsche und Ziele für die Fachgruppe auf den Punkt und präsentiere sich in einem völlig neuen Licht. Der Leiter der Gruppe fragte sie gleich danach, ob sie nicht in den Vorstand der Fachgruppe wechseln möchte, da das Team genau diese Qualitäten benötigte.

Es war immer ihr Wunsch gewesen, diesem Gremium anzugehören. Bislang war ihr das aber immer versagt geblieben. Verblüfft fragte sie daher, was sich nach den vielen Jahren gerade jetzt so verändert hätte, dass ihre Mitarbeit gefragt war. Die Antwort lautete: *„Jetzt trauen wir es Ihnen zu. Sie sind stark und selbstbewusst, um in dieser Position bestehen zu können."*

Ich erkundigte mich: *„Was hast du wirklich an dir verändert?"* – *„Der größte Schritt war, mir selbst zu vertrauen – also an mich zu glauben und zu wissen, dass ich das, was ich mache, auch richtig mache. Dadurch habe ich das*

Wissen, dass ich wirklich gut in meinem Job bin, und den Wunsch, dass ich weiterhin alles daran setzen werde, mich laufend zu verbessern. Ich habe neben den Übungen auch sehr stark an meiner inneren Haltung gearbeitet. Mir selbst mehr Selbstwert zu geben hat einiges verändert."

Die Kunst, sich selbst ins rechte Licht zu rücken

Sie sehen an dem vorangegangenen Beispiel, wie wichtig es ist, sich selbst durch ein professionelleres Verhalten und eine optimierte Selbstdarstellung ins rechte Licht zu rücken. Das muss nicht plump und direkt sein. Auch sparsam gesetzte Nuancen eines anderen Auftretens reichen aus, damit Sie von anderen anders wahrgenommen und als „geeigneter" für eine bestimmte Position eingeschätzt werden. Wenn Sie klarer und anders als bisher argumentieren, kann auch z.b. eine Gehaltserhöhung eine viel kleinere Hürde werden, als Sie vermuten.

Wir Frauen sind in der Regel nicht besonders geübt in der Fertigkeit der beruflichen Selbstdarstellung. Das unterscheidet uns wesentlich von den Männern. Ein Beispiel aus meiner Zeit als technische Angestellte zeigt die Unterschiede sehr schön auf.

Wir saßen bei der wöchentlichen Sitzung, in der jeder über seine aktuellen Bauprojekte und die jeweiligen Herausforderungen berichtete. Einer meiner Kollegen legte dabei regelmäßig Showmaster-Qualitäten an den Tag. Ich war fasziniert von seiner Art, Baustellenverläufe darzustellen: Das Problem in seinem Montageteam löste er mit links, obwohl es vor Kurzem noch unüberbrückbar erschien. Die pünktliche Lieferung organisierte er aus dem Handgelenk, obwohl der Lieferant die vereinbarte Zeit nicht einhalten konnte. Die anfängliche Bauverzögerung konnte er durch sein gutes Management aufholen. Die Abrechnung der letzten Baustelle war natürlich im Minus, aber das hatte damit zu tun, dass er das Bauprojekt von einem erkrankten Kollegen übernommen hatte und dieser ja schon Probleme mit den Bauherren gehabt hätte. Aber keine Angst: Das hatte er als neuer Projektleiter natürlich sofort geregelt – ganz im Sinne des Unternehmensmottos, dass Kundenzufriedenheit an erster Stelle stehe. Dass er bei all dem Stress die Baustellenkalkulation nicht mehr retten konnte, läge leider auf der Hand.

Die Kollegen agierten ähnlich, was vom Firmenchef immer akzeptiert und sogar gutgeheißen wurde. Als einzige Frau in der Runde beobachtete ich staunend ein Schaulaufen der Eitelkeiten und ein Jonglieren mit geschönten Halbwahrheiten. Durch diese Schule in jungen Jahren erkannte ich, dass die Qualität der Darstellung immer vom Erzähler abhängt. Der zuvor erwähnte Kollege sagte übrigens immer die Wahrheit: Sein Talent war, Details gezielt auszulassen, nicht zu erwähnen oder auf seine Weise wiederzugeben. Bauherren oder Monteure wurden ohnehin nie nach ihrer Sicht der Dinge gefragt.

Ein guter Ort, um das Phänomen des unzerstörbaren männlichen Selbstbewusstseins quasi in freier Wildbahn zu beobachten, ist das Schwimmbad. Da können selbst der größte Bierbauch und ein paar Kilo auf den Rippen nicht dafür sorgen, dass die dazugehörigen Männer an sich zweifeln. Wir alle kennen die Typen, denen die Selbstüberschätzung und das Selbstbewusstsein aus jeder Pore strömt – obwohl frau sich sofort fragt, was dieses Verhalten eigentlich rechtfertigt. Männer gehen meist sehr aufrecht und mit stolz in die Höhe gerecktem Kopf. Manchmal schaut das alles andere als entspannt und natürlich aus.

Frauen agieren in Projektsitzungen (und in anderen Situationen) ganz anders als Männer: *„Das Projekt liegt im Zeit-*

plan, wir haben die Teams organisiert und halten die einzel-
nen Stufen ein. Es gibt immer wieder Herausforderungen
mit den anderen Abteilungen, aber mein Team schafft das.
Auch aus den anderen Projekten nehme ich wahr, dass wir
ohne Probleme arbeiten. Ich habe Ihnen hier den aktuel-
len Stand, den Report und die Vergleichszahlen vom letzten
Monat mitgebracht. Unsere Performance hat sich geringfü-
gig verschlechtert, aber wir werden den entstandenen Rück-
stand in den kommenden Wochen wieder wettmachen."

Erkennen Sie den Unterschied zum „männlichen Schaulaufen"? Frauen verwenden mehr negative Formulierungen,
berichten kurz und faktenorientiert und verwenden viel Zeit
darauf, negative Beispiele ausführlich zu beschreiben. Lösung
und Errungenschaften werden hingegen kurz und bündig verbal abgehakt. Und natürlich waren es immer „wir" und nicht
„ich". Frauen haben meist Unterlagen mit relevanten Daten
bei der Hand. Männer erzählen nur von Trends und Tendenzen und reichen Unterlagen – falls notwendig – nach, da sie ja
noch mit anderen Projekten beschäftigt sind und das natürlich als wichtiger erachteten als das wöchentliche Reporting.

Lernen Sie also sich ins Rampenlicht zu bringen und erzählen Sie, wie in den angeführten Beispielen, in Nebensätzen Ihren Erfolg. Es kann auch nicht schaden, während einer
Kaffeepause über gelungene Projekte und ihren Einsatz dabei
zu erzählen und sich so ganz nebenbei ein Macher-Image zu
verschaffen. Manchmal haben einfach *Sie* die Aufgabe mit
Bravour erledigt und nicht Ihr Team. Feiern Sie selbst Ihre
Erfolge und nutzen Sie in verschiedenen Rahmen die Bühne,
um sich feiern zu lassen. Jedes Ego benötigt ein wenig Raum
und eine Spielwiese. Wenn Sie nicht davon sprechen, erkennen die anderen nur in Ausnahmefällen von selbst Ihre tag-
täglichen Leistungen und Erfolge.

Erfolg in drei Akten

Bei der Frage, wie man möglichst gut wirkt, gibt es keine Faustregeln. Das beweist auch die große Anzahl an Büchern, die zu den Themen Ausstrahlung, Charisma und Stil auf dem Markt sind. Natürlich sind diese Aspekte durch ein Stärken der Haltung und gezielte Kommunikation optimierbar. Wichtig ist auf sich selbst zu vertrauen und auf sich zu achten. Dadurch entwickelt sich automatisch innere Stärke. Vielleicht hilft Ihnen folgendes theoretische Modell für einen guten Auftritt, das die Wirkung wie in einem Theaterstück oder einer Oper in verschiedene Akte unterteilt. Alles beginnt mit der *Ouvertüre* (Eröffnung). Mit einem Impuls wird das Hauptthema eingeleitet und das Publikum angeregt. Spannung wird aufgebaut, Interesse und Wohlwollen geweckt. Die Ouvertüre definiert den Rahmen und schafft die Grundlagen für den nächsten Schritt. Lassen Sie mich das mit einem Beispiel veranschaulichen.

Stellen Sie sich vor, Sie sind Führungskraft in einem Konzern und arbeiten gerade an einer Studie für die „Schaffung besserer Arbeitsbedingungen" im Human Resources (HR). Sie stellen sich und Ihre Arbeit im Konzern bei einem Meeting vor. *„Mein Name ist Silvia Huber und ich bin seit drei Jahren HR-Leiterin im Haus. Derzeit arbeite ich an einer Studie über Arbeitsbedingungen, um geeignete HR-Maßnahmen zu konzipieren, die unserem Unternehmen zugutekommen. In den folgenden Minuten möchte ich Ihnen Details über diese Studie näherbringen."*

Der *Hauptakt* geht an die Substanz und ins Detail. Es werden Informationen zur Verfügung gestellt, die sich die Zuhörer nicht oder nur schwierig selbst erarbeiten könnten, die aber für die Weiterarbeit im Team oder unter Gesprächspartnern erforderlich sind. Um bei dem Beispiel zu bleiben: Silvia Huber geht danach sofort in die Tiefe und berichtet über die Details der Studie und wie es ihr und ihrem Team damit geht. Natürlich erwähnt sie ausführlich die positiven Herausforderungen und Entwicklungen des Projekts sowie das detaillierte Ziel der Studie und die zu erwartenden Auswirkungen auf das Unternehmen.

Das *Ende* fasst noch einmal alle Informationen kurz zusammen, rundet das Thema ab und schließt. Es macht klar, dass es danach keine weiteren Informationen mehr gibt. Unsere Beispiel-Präsentation endet so: *„Ich freue mich auf die Ergebnisse der Studie, die in circa drei Monaten vorliegen werden. Danach werde ich die Erkenntnisse in konkrete Schritte umwandeln und damit beginnen, diese ins Unternehmen zu implementieren. Ich werde Sie in Form von E-Mails und Sitzungen auf dem Laufenden halten und freue mich in dieser Phase über Ihr Feedback. Für Fragen stehe ich Ihnen jetzt oder auch zu einem späteren Zeitpunkt gerne zur Verfügung.“*

Dieses Beispiel war auf den Bereich „Firmenpräsentationen" ausgerichtet. Eine meiner Kolleginnen nutzt dieses Modell aber auch sehr gerne bei der Selbstpräsentation im Rahmen von großen Vorstellrunden. Folgende Situation bei einem Charity-Event blieb mir besonders in Erinnerung: Im Eventgewimmel bildete sich eine neue Gruppe und wie immer stellte man sich gegenseitig vor. Die Kollegin eröffnete die Kommunikation mit folgender Vorstellung: *„Hallo, mein Name ist Anne Muster. Ich bin Eventmanagerin und berate Unternehmen, wie sie durch gezielte Maßnahmen erfolgreicher werden.“* Es entstand eine Pause und an vielen Gesichtern konnte ich Ratlosigkeit und offene Fragen ablesen – einerseits, weil sie sich so direkt vorgestellt und gleich ihren beruflichen Kontext erwähnt hatte, andererseits, weil sie durch das Wort „erfolgreicher" Neugierde geweckt hatte.

Diese Vorstellung funktioniert nicht bei jedem. Auch ich hätte das so nicht von jedem Menschen nehmen können. Ihr Charme und die unkomplizierte, leichte Art hatten das aber sehr liebenswert und nicht aufdringlich erscheinen lassen.

Wichtig ist auch, wie sie diese Information übermittelte: Sie dosierte die Information, indem sie gekonnt Pausen zwischen den einzelnen Sätzen machte und die Reaktionen und Fragen abwartete. Sie weiß aus Erfahrung ganz genau: Irgendwer fragt immer nach – speziell nach der Erwähnung des Zauberwortes „erfolgreicher". Die Frage „Wie machen Sie das?" führt zum Hauptakt. Jeder will wissen, wie er erfolgreicher werden kann. Zum Abschluss bedankte sie sich für die Fragen und endete mit folgendem Satz: *„Ich könnte ja noch Stunden über dieses Thema sprechen, aber ich möchte Sie nicht mit zu vielen theoretischen Details über gezieltes und erfolgreiches Eventmanagement langweilen. Falls Sie weitere Fragen haben, freue ich mich aber natürlich über ein persönliches Treffen, bei dem wir uns konkret die Situation Ihres Unternehmens anschauen können. Hier – meine Karte!"*

Ohne Bühne kein Applaus

Wir Frauen sind von Natur aus keine Weltmeisterinnen, wenn es darum geht, Gelegenheiten zu nützen, um uns selbst zu präsentieren. In meinen Coachings höre ich sehr oft: *„Ich will nicht ins Rampenlicht"*, oder: *„Ich benötige die Bühne nicht. Wenn es jemanden interessiert, wird er mich nach meinem Job fragen"*.

Meine Gegenfrage ist dann meistens: *„Wollen Sie nicht oder trauen Sie sich nicht?"* Bei den meisten ist es die Angst vor dem Versagen, die sie das Rampenlicht scheuen lässt. *„Ich bin nicht so charismatisch wie mein Kollege"*, *„Ich werde immer so nervös"* – die Variationen sind vielfältig. Doch gerade bei Lampenfieber hilft das Theaterstück-Modell gut. Strukturiert empfindet man die drei Teile (Ouvertü-

re, Hauptakt und Ende) als kürzere einzelne Zeitspannen –
und daher als leichter bewältigbar. Probieren Sie es aus!
Eine meiner Klientinnen sollte zum Beispiel eine schwierige Präsentation zum Thema „Strategische Maßnahmen
ins Unternehmen implementieren" halten. Der vorgegebene
Zeitrahmen war fünf Minuten.

Ouvertüre

„Ich freue mich, dass sich das Team für die Implementie-
rungen der von uns ausgearbeiteten Details zusammenge-
funden hat." Sie verteilte Handouts. *„Auf folgende Punkte*
werde ich im Detail eingehen …" Es folgte eine Seite, auf der
einige Aspekt in Kürze hervorgehoben waren. *„Falls es Fra-*
gen geben sollte, würde ich Sie bitten, diese erst am Ende zu
stellen. Ich werde Ihnen gerne alle gewünschten Antworten
liefern."

Hauptakt

Sie erklärte auf zwei Seiten den Prozess und Zeitplan der
Umsetzung in kompakter Form, ergänzte Details in kurzen,
eigenen Worten und präsentierte anschließend noch eine
Seite, auf der Zeitplan, Ziel und Rahmenbedingungen noch
einmal überblicksmäßig zusammengefasst waren.

Schluss

„Zusammenfassend möchte ich noch sagen, dass Ihre Hilfe
und Kooperation bei dieser Implementierung für das Un-
ternehmen sehr wichtig sind, da wir – wie schon erwähnt –
unsere Abläufe und den Auftritt nach außen verbessern
möchten. Jetzt stehe ich Ihnen gerne für Fragen zu Verfü-
gung. Falls es nicht die ganze Gruppe betrifft, würde ich
das gerne in Einzelgesprächen machen." Nach den Fragen
folgten Dank und Verabschiedung.
  Die Unterteilung in drei Akte hilft dabei, dass Sie mehr

Struktur und Klarheit in Ihren Auftritt bekommen. Achten Sie immer darauf, die volle Aufmerksamkeit Ihrer Zuhörer zu haben. Der Inhalt muss spannend und der Vortrag lebendig und fesselnd sein. Gleichzeitig ist es notwendig, immer ein klares Ziel vor Augen zu haben. Was sollen die Zuhörer mitbekommen? Mit welchen Informationen sollen sie aus dem Gespräch gehen? Dieses Ziel hilft, Struktur und Inhalt zu optimieren. Ohne Ziel gibt es meistens nicht das gewünschte Ergebnis: Nichts ist fataler, als wenn die Zuhörer nicht wissen, warum sie in diesem Meeting gesessen haben und was Sie ihnen eigentlich vermitteln wollten.

Es ist noch keine Meisterin vom Himmel gefallen ...

Die voran angeführte Vorgehensweise gilt bei jeder Art von Präsentation – unabhängig davon, ob Sie vor vielen Menschen reden oder Ihrem Vorgesetzten gegenübersitzen. Eines ist jedenfalls fix: Sie können nicht nicht kommunizieren. Jeder Vortrag und jedes Gespräch ist eine Selbstpräsentation, bei dem Ihr Gegenüber Ihre Angst oder Ihre Leidenschaft bemerken wird. Die am häufigsten auftretende Angst in diesen Situationen ist die Furcht, Erwartungen nicht zu entsprechen. Aus diesem Grund ist es so essenziell, Selbstbewusstsein aufzubauen und Sicherheit in Gesprächs- und Vortragssituationen zu gewinnen. Wodurch schafft man das? Die Antwort ist wenig überraschend: Übung macht die Meisterin.

Manche Leserin wird sich jetzt fragen: „Wie kann ich die Übung und die Drei-Akt-Vorgehensweise in meinem Arbeitsalltag einbauen, wenn ich einen Job habe, in dem ich keine Vorträge halten muss und auch keine großen Meetings habe?"

Überdenken Sie jedes berufliche Gespräch, bevor Sie es führen wie oben vorgeschlagen. Nützen Sie die verschiedensten Gelegenheiten und üben Sie! Jeder Einwand, z.b. wenn Sie mit Kollegen nicht einer Meinung sind, wie der Werbetext für die nächsten Firmenfolder lauten soll, oder Sie im Meeting sitzen und die Zeit wieder einmal zu knapp wird, weil der Kollege zu lange redet, ist eine gute Möglichkeit, Ihre Kommunikation zu verbessern. Auch wenn es Sie am Anfang vielleicht Überwindung kostet, sich bestimmt zu Wort zu melden: Sie werden sehen, mit der Zeit wird das für Sie viel einfacher und schließlich zur Routine. Es geht viel mehr Menschen so, dass sie davor zurückscheuen, ihre Stimme zu erheben, als Sie denken! Sogar jene Kolleginnen und Kollegen, die besonders tough wirken, gestehen in vertrauteren Gesprächen manchmal, dass ihnen Wortmeldungen, Präsentationen oder Vorträge nicht so leicht fallen, wie das scheint. Der Mensch ist ein Herdentier und sich aus der Herde zu erheben und seine Meinung kundzutun, benötigt Mut und sehr viel Selbstvertrauen. Wenn Sie sich aber erheben, werden Sie viel Achtung bekommen, weil es eben viel Mut braucht, seine Meinung und Standpunkte zu vertreten. Zu nervös? Ja, das kann ich verstehen und glauben Sie mir, das geht jedem so. Wenn Sie große Probleme damit haben, sich zu Wort zu melden, können Sie einfach damit beginnen, nur Fragen zu stellen. Auch das hilft bereits dabei, sich in der Kommunikation fit zu machen.

Wie Sie Ihre Einwände kommunizieren, lesen Sie im Kommunikationskapitel. Bevor Sie sich zu Wort melden, nehmen Sie eine geeignete Haltung ein, das Reden fällt Ihnen dann leichter. Ich rate Ihnen sich einfach aufrecht hinzusetzen, das Überlegte dann in kurzen Sätzen anzusprechen und abschließend zu erklären, warum Ihnen das wichtig ist. Falls es möglich ist, können Sie auch dazu aufstehen und im Raum umhergehen. Jedes Setting ist anders, jede fühlt sich in einer anderen Position wohl.

Führen Sie Selbstgespräche und gehen Sie jeden Vortrag und jedes Gespräch genau durch! Nicht im Kopf, sondern real! Stellen Sie sich die beteiligten Personen vor und üben Sie laut. Auch wenn Ihnen diese Vorgehensweise komisch erscheint, werden Sie beim Üben bemerken, dass dies einen großen Unterschied ausmacht! So können Sie sich am besten in eine Situation hineinversetzen, die erst ein paar Tage später Realität wird. Üben Sie Ihren Part in dem Gespräch, bis Sie sich sicher fühlen und Sie damit vertraut sind, sich die richtigen Botschaften sagen zu hören. Das ist übrigens ein Kniff, den viele große Persönlichkeiten der Weltgeschichte nützen und nutzten. Kennen Sie den Film „The King's Speech"? Dort wird die Übung der wichtigen Ansprache von König Georg VI. zum Hauptthema. Achten Sie bei öffentlichen Reden darauf: Gerade dann, wenn eine Rede sehr locker wirkt, hat der Vortragende höchstwahrscheinlich viel Zeit in Proben investiert.

Letztlich sind gute Vorträge wie eine beeindruckende Zirkusnummer: im Detail geplant, akribisch geprobt und dann mit einer lächelnden Souveränität dargeboten, die Zuschauern den Eindruck des Leichten, Spontanen und Selbstverständlichen vermittelt. Gleichzeitig schafft eine gute Vorbereitung den Spielraum, um bei Bedarf lässig alles wieder über Bord werfen zu können und sich situationsbezogen darauf einzustellen, was gerade jetzt passt und wichtig ist. Die Sicherheit, jederzeit wieder auf das Geprobte umschwenken zu können, verleiht eine Lockerheit, die einfach beeindruckt.

Nehmen Sie die Bedürfnisse der Zuhörerinnen ernst!

Ihre Zuhörerinnen und Zuhörer sind in Wirklichkeit die eigentlichen Chefs der Präsentation. Das wird umso deutlicher, wenn diese nicht zum Meeting erscheinen, zwischendurch telefonieren oder E-Mails checken. Je fesselnder Sie reden, desto mehr Aufmerksamkeit bekommen Sie.

Was macht die Magie aus? Ich möchte Ihnen hier ein paar grundlegende und bewährte Tipps geben, auf die Sie sich bei Ihren Reden verlassen können:

– Achten Sie immer darauf, die grundlegende Erwartungshaltung Ihrer Zuhörer zu erfüllen. Bleiben Sie z.b. in Meetings auf dem Punkt und schweifen Sie bei Vorstellungsrunden nicht ab. Die Geschichte der Autopanne von gestern Abend gehört nicht hierher. Klarheit und Kompaktheit sparen allen Beteiligten Zeit und bringen einen Mehrwert.

– Ein möglichst punktgenaues Ziel (z.b. Genehmigung des Projekts, Gehaltserhöhung, ...) hilft Ihnen Inhalt und Struktur optimal auszurichten.

– Regen Sie nach Möglichkeit alle Sinne der Zuhörer an (Sehen, Riechen, Schmecken, Hören, Fühlen). Nehmen Sie z.b. in das Meeting etwas zum Ansehen, Angreifen oder Verzehren mit, das zum aktuellen Thema passt. Architekten nehmen Modelle mit, Lebensmittelhersteller Produktproben, eine Reiseleitung den Stadtplan eines Reiseziels. Lassen Sie Ihrer Fantasie ruhig freien Lauf. Es darf nur nicht übertrieben und erzwungen wirken. Ein Konnex zur Erwartungshaltung und zum Thema muss erkennbar sein.

– Halten Sie den Augenkontakt und schaffen Sie dadurch Nähe.

– Verwenden Sie Medien und technische Hilfsmittel wie Flipchart, Beamer usw. – aber nur dann, wenn Sie damit umgehen können! Ratlosigkeit und Pannen machen unsicher und lenken von Ihren Botschaften ab. Niemand will primär als jemand in Erinnerung bleiben, der den Beamer nicht scharf stellen konnte.

Um zu erkennen, ob Sie Ihr zuvor gesetztes Ziel auch erreicht haben, sollten Sie sich folgende Faustregel zu Herzen nehmen: *„Sag mir, was du verstanden hast, damit ich weiß, was ich gesagt habe."* Jeder Zuhörer macht sich – unabhängig von der Qualität des Vortrags – sein eigenes Bild. Selbst die geübteste Rednerin kann nicht annehmen, dass jeder wirklich das versteht, was sie den Zuhörern vermitteln wollte. Behalten Sie aber immer das Ziel im Auge! Denn wichtig ist im Endeffekt nur die Erreichung dieses Ziels. Wenn dabei nicht alles zu hundert Prozent verstanden wurde, ist das auch okay.

Einmal beobachtete ich einen Vortragenden dabei, wie er sehr ausführlich wurde und sich in Details verzettelte. Ich konnte ihm nicht mehr folgen und verlor völlig den Faden. Am Ende war mir nicht mehr klar, was er uns eigentlich sagen wollte. Auf seine abschließende Frage, ob es noch Unklarheiten gäbe, meldete ich mich: *„Was war eigentlich das Ziel des Vortrags?"* Er erläuterte noch einmal sein Ziel und gab zu, dass er sich ein wenig verzettelt hatte. Die Gruppe war für die auf den Punkt gebrachte Zielerläuterung sehr dankbar und das Verzetteln hatte ihm ohnehin keiner übel genommen. Ich hätte es nur angebracht gefunden, wenn er das auch ohne meine Frage noch einmal klargestellt hätte und sich für den ausschweifenden Vortrag auch noch entschuldigt hätte.

Die Macht der Stimme

Klientinnen und Klienten fragen mich oft, *wie* sie sprechen sollen. Grundsätzlich gibt Ruhe auch beim Sprechvortrag Kraft. Lautes Sprechen wirkt umso beruhigender, je kräftiger die Stimme ist. Da haben uns die Männer etwas voraus. Frauen neigen dazu, sich nicht nur körperlich, sondern auch stimmlich zu verstecken. Sie sprechen lieber vom Ende eines Raums anstatt von dessen Mitte aus und halten sich stimmlich gerne zurück. Männer hingegen sind es gewöhnt, mit starker Stimme laut zu sprechen und auch körperlich präsent zu sein.

Auch hier hilft nur eines: Üben Sie das Sprechen mit gehobener Lautstärke und holen Sie sich im Vortrag Feedback ein, indem Sie fragen, ob Sie von allen Zuhörern gut gehört werden. Deren Reaktion sagt Ihnen, ob Sie lauter oder leiser werden müssen. Zweiteres wird Ihnen selten passieren. Wenn ja, rufen Sie mich bitte umgehend an. Ich freue mich über solche Reaktionen, weil es so selten vorkommt.

Essenziell für die Wirkung ist außerdem, wie gut das Gesagte zu erfassen ist. Verwenden Sie einfache, kurze und klare Sätze statt komplizierter Nebensatzungeheuer. Ihr Wortschatz sollte nicht beeindrucken, sondern den Zuhörern helfen das Gesagte zu verstehen. Die Faustregel „Keep it simple" hat sich bewährt, wenn man möchte, dass möglichst viele folgen können und wollen. Verwenden Sie plakative Beispiele, um komplexe Situationen zu erklären. Bilder sagen bekanntlich mehr als tausend Worte.

Bei diesem Thema muss ich immer an einen deutschen Wissenschafter denken, dessen Vortrag „Integration in Österreich" ich besuchte. Der Mann behandelte das Thema anhand von konkreten Beispielen sehr charismatisch und stimmgewaltig. Er wäre auch ohne Mikrofon von allen Anwesenden gut verstanden worden und beeindruckte durch eine tolle Bühnenpräsenz. Der Vortrag war sehr beeindruckend, weil er emotional wurde, persönliche Situationen beschrieb und uns Zuhörerinnen „mitleben" ließ. Kein Wort war heruntergelesen oder langweilig. Im Gegenteil: Er machte das komplexe Thema für alle zugänglich, indem er es in „Häppchen" aufteilte und seine persönlichen Erfahrungen aus dem Alltag einbrachte.

Nach ihm betrat eine Frau die Bühne, die auf den ersten Blick ebenfalls eine sehr starke Bühnenpräsenz hatte. Allerdings versteckte sie sich sofort hinter einem Stehtisch und sehr vielen Zetteln, die sie mechanisch ablas. Sobald sie frei sprach, wirkte sie ausgesprochen nervös und unsicher. Vereinzelt blieb ihr sogar die Stimme weg. Permanent entschuldigte sie sich für den chaotischen Aufbau ihrer Präsentation. Ein einziges Mal teilte sie ein persönliches Erlebnis mit den Zuhörerinnen. In diesem Moment flüsterte mir meine Sitzkollegin ins Ohr: „*Jetzt rockt sie die Bühne. Jetzt hat sie es.*" Dieser magische Moment dauerte jedoch lediglich zwei Minuten. Nicht viel für einen 20-Minuten-Vortrag.

Bitte verstehen Sie mich nicht falsch – es gibt auch unter den Frauen ganz hervorragende Rednerinnen und es gibt Männer, denen Übung sehr gut täte. Ich spreche hier natürlich immer nur von Tendenzen, die ich im Rahmen meiner Tätigkeit in der Beratung wahrnehme.

Übrigens waren an diesem Abend drei Männer und vier Frauen auf der Bühne: Die Moderatorin, eine Politikerin und zwei Vortragende. Raten Sie, wer wirklich gut war. Die Männer, die Politikerin und die Moderatorin. Die zwei anderen vortragenden Damen wirkten extrem unentspannt und lasen vom Blatt ab. So verhält es sich bei vielen Veranstaltungen, die ich besuche. Von sehr vielen Männern weiß ich aus erster Hand, dass sie gerne üben – oder das Präsentieren durch viel praktische Anwendungen bereits im Blut haben.

Punkten Sie mit Natürlichkeit

Auch wenn sich an diesem Thema die Geister scheiden: Ich rate meinen Klientinnen immer zu möglichst viel Natürlichkeit und – wenn es die Situation zulässt – sogar zur Verwendung von Dialekt. Meiner Erfahrung nach gibt deutlich gesprochene Mundart Vortragenden eine sympathische Unverwechselbarkeit. Sie werden für die Zuhörerinnen „angreifbar". Wichtig ist nur, dass die Mundart authentisch und für die Zuhörer verständlich ist. Sonst ist es unwahrscheinlich, dass Sie damit Ihr Ziel erreichen.

Haben Sie keine Angst vor sprachlichen Fehlern. Wenn es passiert, nehmen Sie es mit Humor. Ich bin ohnehin der Meinung, dass Sprache sehr von der Bewegung abhängig ist. Darum rate ich meinen Klientinnen: *„Lassen Sie sich einfach gehen!"* Körpergestik ist wichtig. Vortragende, die dies zu kontrollieren versuchen, kontrollieren auch Sprache und Stimme und wirken oft unnatürlich und verkrampft. Bleiben Sie natürlich und achten Sie auf Ihre natürlichen Bewegungen. Hektisches Herumgehen macht auch Ihre Stimme hektisch. Stoisches Stehen auf einem Fleck macht die Stimmlage monoton.

Ich kann Ihnen nur den Besuch einschlägiger Seminare (Präsentationstechniken, Fernsehtraining, ...) ans Herz legen. Aus eigener Erfahrung weiß ich, dass Seminare mit Videoaufnahmen und gezieltem Feedback sehr unterstützend sein können. Ich persönlich konnte dadurch einiges an mir und in mir verändern.

Was tun bei Nervosität?

Ich bin immer erleichtert, wenn Vollprofis im Fernsehen ihr Lampenfieber outen. Auch ich bin trotz meiner langjährigen Erfahrung vor Auftritten, Seminaren oder Diskussionsrunden immer noch nervös. Sehr sogar. Ich sehe das als menschliche Liebenswürdigkeit und es hilft mir auch mir eine gesunde Demut vor einem Thema oder einer Situation zu erhalten. Auch große Männer sind aufgeregt und zittern – was ihnen jedoch selten als Mangel ausgelegt wird. Im Gegenteil: Was passiert, wenn Sie sehen, dass Barack Obama vor einer Ansprache nervös ist? Sie verstehen ihn, denken vielleicht: *„Oh, der Arme ist ja total aufgeregt. Kein Wunder bei dem Druck.“* Ähnlich reagieren Zuhörer, wenn Sie nervös sind. Jeder Mensch kennt dieses Gefühl von verschiedensten Gelegenheiten.

Mein Tipp: Wenn Sie so richtig nervös sind, erwähnen Sie es bei passender Gelegenheit in einem Nebensatz. Das bringt Sie den Zuhörerinnen näher, unterstreicht Ihre Authentizität und nimmt Ihnen einiges an Druck. Wichtig ist es aber dabei, sich dafür nicht zu rechtfertigen. Eine extreme Aufregung zu überspielen macht Ihnen mehr Druck als notwendig, deshalb macht es Sinn, diese kurz zu erwähnen, ohne ihr zu viel Gewicht zu verleihen. Es ist eine typisch weibliche Eigenschaft, in Entschuldigungen und Rechtfertigungen zu verfallen. Sollten Sie sich dabei ertappen, reden Sie einfach ohne große Erklärung weiter. Die Aufregung legt sich meist.

Ich hatte einmal einen wirklich wichtigen Vortrag vor Publikum zu halten und war immens aufgeregt. Als ich die Bühne betrat, zitterten meine Hände so sehr, dass es für alle ersichtlich war. Wie rettet man sich aus so einem ungünstigen Auftritt? Ich sagte kurzerhand und spontan: *„Wenn mein Bankkonto so voll wäre, wie ich aufgeregt bin, dann wäre ich heute hier und jetzt Millionärin. Es ist beeindruckend, hier stehen und sprechen zu dürfen. Ich wünschte, Sie könnten das Gefühl mit mir teilen, dann wäre auch diese Bühne nicht so leer.“* Das Publikum und ich mussten lachen. Dadurch wurden die Anspannung und der Druck weniger. Weniger, wohlgemerkt – verschwunden waren sie nicht.

Humor hilft Ihnen über solche Situationen hinweg. Vermeiden Sie es aber, über das Ziel hinauszuschießen oder sich zu rechtfertigen. Besonders zu Letzterem neigen viele Frauen. Aussagen wie: *„Ich habe nur Zahlen und Fakten zu bieten"*, *„So charmant wie mein Vorredner bin ich nicht"*, oder – noch schlimmer – *„Ich hoffe, ich langweile Sie nicht"*, entziehen Ihnen sofort jede Energie. Sie nehmen damit etwas vorweg, was die Zuhörer ohne Ihren Hinweis womöglich ganz anders – nämlich positiver – wahrgenommen hätten. Ich wurde zum ersten Mal mit diesen Sätzen im Rahmen eines 20-minütigen Vortrags einer Expertin konfrontiert. Ich war wirklich schockiert und auch enttäuscht. Wie kann sich jemand, der so viel erreicht hat, selbst so abwerten?

Denken Sie immer daran: Sie werden zu einem Vortrag eingeladen oder um eine Präsentation gebeten, weil Sie etwas zu sagen haben. Rufen Sie sich das unmittelbar vor dem Beginn ins Gedächtnis. Machen Sie sich bewusst, dass Ihnen nicht viel passieren kann. Sich zu verhaspeln oder zu versprechen ist kein Malheur – nur der richtige Umgang mit so einer Situation ist wichtig: Versuchen Sie auch einmal über sich selbst zu lachen. Lachen entspannt Sie. Probieren Sie es aus.

Männer geben übrigens ihre Nervosität nicht zu. Sie ziehen auch selten in Erwägung, dass sie jemanden langweilen könnten. Ich beobachte sehr oft, dass Männer weitaus lockerer an eine Sache herangehen. Die meisten Männer reden sehr frei auf der Bühne, setzen gekonnt Humor ein und haben kein Problem damit, Fehler einzugestehen. Frauen hingegen treten schon den Weg zur Bühne ungern an, lesen sehr oft vom Blatt ab, verstecken sich und machen sich selbst schlecht.

Selbst das richtige Stehen bei einem Vortrag will geübt werden. Denn wer ist es schon gewohnt, über einen längeren Zeitraum hinweg unverkrampft zu stehen, während man von anderen dabei beobachtet wird. Das ist eine Ausnahmesituation. Mein Tipp: Stehen Sie möglichst stabil (beide

Beine am Boden, gerade und nicht überkreuzt) und aufrecht. Das gibt Ihnen Erdung und Stabilität.

Für Frauen ist auch das richtige Schuhwerk immer ein Thema. Mit zu hohen Schuhen ist Stabilität nicht immer möglich. Versuchen Sie daher die Absatzhöhe Ihrem Sicherheitsgefühl und -bedürfnis anzupassen. Als Faustregel gilt: Je sicherer und stabiler Sie im jeweiligen Thema sind, desto höher dürfen die Absätze sein – und umgekehrt. Flache Schuhe sollten Sie als Frau generell vermeiden, da diese nicht sehr weiblich wirken. Übrigens: Auch Ihre Stimme passt sich der Höhe Ihrer Absätze an. Je unsicherer Sie stehen, desto dünner wird Ihre Stimme. Achten Sie einmal bewusst darauf.

„Augen zu und durch" ist eine Taktik, die bei Nervosität sehr schnell nach hinten losgeht. Nehmen Sie sich vorher Zeit und atmen Sie ruhig und tief durch. Auch während des Gesprächs hilft es, Pausen zu machen und tief durchzuatmen. Seltsamerweise gönnt man sich das Recht auf Pausen viel zu selten – mit dem unerwünschten Effekt, dass wir zu schnell reden. Dabei helfen Pausen auch den Zuhörerinnen. Sie geben ihnen Raum, um zu reflektieren und per Blickkontakt „anzudocken".

Meist wird man nervös, wenn man bei einem bestimmten Thema nicht sattelfest ist. Machen Sie sich also bestmöglich damit vertraut, indem Sie immer wieder nachlesen und Ihren Vortrag üben. Vielleicht hilft Ihnen auch folgende Übung, um ein wenig lockerer in der Vortrags- oder Präsentationstechnik zu werden:

Suchen Sie sich ein Thema aus, das Ihnen persönlich wichtig ist und über das Sie gewisse Basisinformationen haben (z.B. „Warum gibt es Geschwindigkeitsbegrenzungen auf Autobahnen" oder „Warum ist es wichtig, sich gesund zu ernähren?"). Starten Sie eine Stoppuhr und sprechen Sie drei Minuten lang laut über dieses Thema. Am Anfang wird Ihnen das vielleicht ein wenig seltsam vorkommen und Sie werden womöglich nach Worten ringen. Doch mit der Zeit werden Sie einen Fortschritt erkennen und mehr Sicherheit gewinnen. Dann werden auch die Überbrückungslaute (wie „ähhh" und „also") weniger. Sprechen Sie jedoch unbedingt laut. Auf diese Weise ist der Verbesserungseffekt am größten.

Wenn Sie nicht wissen, wohin Sie bei Präsentationen schauen sollen, setzen Sie hier ebenfalls auf Struktur. Beim Blickkontakt mit den Zuhörerinnen hat sich die „W-Methode" bewährt. Wie aufgeregt Sie auch sind: Dieser kleine Kniff ist leicht zu merken und funktioniert. Schauen Sie von links oben im Raum nach unten, dann mittig oben, dann wieder hinunter und rechts oben wieder hinauf. Der Raum wird so in ein virtuelles „W" eingeteilt. Wenn Sie diese Blickfolge wiederholen, hat jeder Zuhörer im Raum das Gefühl, dass Sie ihn beachten. Diese Methode hilft auch gegen Nervosität, denn mit steigendem Nervositätsgrad neigt man dazu, eine besonders sympathische Person unter den Zuhörern zu fixieren und den Blick nicht mehr zu lösen. Das kommt bei allen anderen nicht so wirklich gut an.

Wenn Sie nicht wissen, was Sie mit Ihren Händen tun sollen, nehmen Sie einfach ein paar Kärtchen mit aufs Podium. Daran können Sie sich festhalten. Freihändig wirkt es dynamisch, wenn Sie die Hände leicht angewinkelt lassen.

Was ich Ihnen persönlich ans Herz legen möchte, ist eine rechtzeitige Begutachtung des Raums und des Settings. Denn da haben Sie Gelegenheit, den Raum zu „Ihrem" Raum zu machen. Ich nutze diesen „Vorab-Check" immer, um mich im Raum zu bewegen und mich im Stillen mental vorzubereiten, bevor es losgeht.

Humor ist übrigens ein hervorragendes Mittel gegen jede Art von Nervosität. Er hilft Ihnen dabei, sich zu entspannen und nicht alles so ernst zu nehmen – auch während des Vortrags. Wenn Sie einmal den Faden verlieren sollten, lachen

Sie ruhig gemeinsam mit den Zuhörern – bleiben Sie dabei aber stets in (Augen-)Kontakt mit ihnen.

Bei großer Nervosität ist es wichtig, dass Sie sich selbst loben, wenn alles überstanden ist. Einerseits ist die Wertschätzung wichtig, um sich selbst als jemanden zu sehen, der einer solchen Situation gewachsen ist, andererseits ist eine Reflexion der Erfahrungen wichtig, um sich für das nächste Mal zu verbessern. Analysieren Sie in Ruhe und konstruktiv Ihre Performance und machen Sie sich eine realistische Vorgabe für das nächste Mal. Zerpflücken Sie aber die Situation nicht geistig und seien Sie nicht zu streng zu sich selbst. Damit rauben Sie sich nur unnötig die Früchte des Erfolgs.

Das Thema Störfaktoren und Aufmerksamkeitskiller ist in meinen Seminaren ein kurzes, aber meistens sehr heiteres. Die Kernaussage gerade heraus lautet: Viel können Sie nicht falsch machen und dennoch kann man sehr schnell den Respekt und die Aufmerksamkeit der Zuhörer verlieren. No-Gos sind wildes Gestikulieren und Herumgehen, Spielereien mit Gegenständen, Anklammern an Möbel und das Nichteinhalten von Zeitvorgaben. Absolutes No-Go sind Selbstberührungen.

Sie kennen das vielleicht: Vor Ihnen geht jemand und richtet sich BH oder Unterwäsche. Wenn Sie das als Vortragende vor Zuhörern machen, wird Ihr Vortrag sofort zweitrangig. Derartiges ruft bei anderen ein Gefühl der Peinlichkeit hervor. Auch Männer praktizieren das. Das Kratzen im Schritt – von mir „Taschenbillard" genannt – ist verbreiteter, als Sie vielleicht annehmen würden. Frauen neigen dazu, sich im Gesicht zu berühren oder ihre Haare nach hinten zu streichen. Wie auch immer dieser Tick genau aussieht: Nach der x-ten Wiederholung wird es für Beobachter unfreiwillig komisch und schon ist die Aufmerksamkeit weg. Das ist natürlich nicht nur in Vorträgen so, sondern auch im Büroalltag. Menschen vergessen sehr oft, dass sie in der Öffentlichkeit sind und andere Menschen sie wahrnehmen. Wie würden Sie reagieren, wenn Ihr Kollege oder Ihre Kollegin durch solche No-Gos auffällt? Es wäre Ihnen unangenehm und Sie würden den Respekt verlieren. Achten Sie also auf Ihr Verhalten! Beobachten Sie respektvolle Menschen und lernen Sie von ihnen. Sie behalten in der Öffentlichkeit stets Haltung. Natürlich ist das anstrengend, aber im Büroalltag notwendig. Ich spreche hier natürlich nur von den No-Gos. Ihre Natürlichkeit sollten Sie nicht verlieren.

Ich habe Ihnen ja gesagt: Viel können Sie nicht falsch machen.

Kleider machen Leute

Der Ausdruck „Kleider machen Leute" wird oft belächelt – hat aber noch immer seine Gültigkeit. Kommt ein junger Mann im Kapuzenshirt und in Jeans mit langen Ketten um den Hals und großen Ringen auf den Fingern zu einem Gespräch, weckt das möglicherweise unbewusst Assoziationen zu Rapvideos. Kommt der gleiche Mann in Anzug, weißem Hemd und schönen Schuhen zur Tür herein, glaubt man sich einem höchst erfolgreichen Menschen gegenüber. Ich beginne dieses Thema bewusst mit einem männlichen Beispiel, da Männer sich sehr oft an den Businessdresscode halten und sich selten darüber beschweren.

Jedes Unternehmen hat auch in puncto Kleidung eine gewachsene Unternehmenskultur. Halte ich mich nicht daran, schwimme ich gegen den Strom. Die Reaktionen können dabei sehr unterschiedlich ausfallen. 10% finden das cool, die restlichen 90% empfinden es als illoyal, unprofessionell und regelverletzend. Gerade bei Frauen führen diese Kulturbrüche oft dazu, dass sie nicht ernst genommen werden – speziell wenn sie zu sexy gekleidet sind.

Ich möchte Ihnen nicht vorschreiben, wie Sie sich zu kleiden haben. Das steht mir nicht zu. Ich möchte Sie lediglich dafür sensibilisieren, dass „falsche" Kleidung ungewollte Reaktionen bei anderen auslösen kann. Ganz ehrlich: Nehmen Sie einen Kollegen mit einer zu kurzen Hose und weißen Socken in Sandalen ernst? Wohl kaum. Wir alle haben unsere Schubladen, in denen wir Menschen ablegen. Letztlich bewerten wir nach Äußerlichkeiten. Das passiert jeden Tag vor Lokalen mit Türstehern und genauso in Bewerbungsgesprächen. Bin ich unpassend gekleidet, bekomme ich nicht immer das, was ich mir wünsche. Werbung und Lifestyle-Magazine tragen ihr Scherflein dazu bei. Geht es nach den gängigen TV-Formaten, gäbe es nur noch Menschen, die Models oder Superstars werden möchten. Das prägt Jugendliche natürlich und weckt den Wunsch, sich so zu kleiden, wie man es im Fernsehen vorgezeigt bekommt. Ähnlich ist es in der Businesswelt. Regeln und Normen existieren, um so wenig wie möglich den Wunsch nach Widerstand zu wecken. Darum tragen Männer einfach gerne eine Uniform – den Anzug. Er gibt Sicherheit, Kompetenz und Ausstrahlung. Man(n) wirkt seriös und ist für jede Situation passend gekleidet. Ein Topmanager hat mir einmal anvertraut, dass er lieber overdressed als underdressed unterwegs ist. Denn underdressed fühlt er sich unsicher und glaubt weniger ernst genommen zu werden.

Eine meiner Klientinnen ist in der Marketingabteilung eines Unternehmens tätig, das über einen sehr konservativen Kleiderkodex verfügt. Männer tragen Anzüge, Frauen Kostüme oder klassische Kleidung mit weiblichem Touch. Sie selbst jedoch kleidete sich völlig entgegen diesem ungeschriebenen Gesetz – laut eigener Aussage, weil sie aufgrund ihrer Funktion „kreative Kleidung tragen darf". Wir arbeiteten gemeinsam an einer Präsentation, die das erklärte Ziel hatte, ihr die Zusage für ein Projekt – und sie damit eine Stufe weiter nach oben – zu bringen. Auch eine Gehaltserhöhung stand im Raum. Nachdem die Präsentation durchbesprochen war, schnitt ich das Thema „Kleidung" an. Ich fragte, was sie bei der Präsentation tragen würde. *„Dasselbe wie immer bei solchen Anlässen. Ein geblümtes, schulterfreies, knielanges Sommerkleid. Dazu roten Schmuck und rote Schuhe."* Da ich wusste, dass der Vorstandsvorsitzende des Unternehmens anwesend sein würde, wollte ich wissen, was Frauen in der von ihr angestrebten Position normalerweise in solchen Situationen tragen. Sie wurde nachdenklich und kam langsam dahinter, worauf ich hinauswollte. Ihre Erkenntnis folgte auf dem Fuße: *„Will ich in die neue Position befördert werden, muss ich mein Know-how wohl nicht nur über den Inhalt und meine Haltung ausdrücken, sondern auch über meine Kleidung."* Ich nickte zustimmend. Es gibt einen unausgesprochenen Kodex, der laut meiner Erfahrung in 90% aller Unternehmen Gültigkeit hat: Kleide dich von Anfang deiner Karriere an so, wie es für jene Position angemessen ist, die du irgendwann erreichen möchtest. Nehmen Sie sich ein Beispiel am obersten Boss des Unternehmens. Kommt er in Jeans ins Büro? Hat er ausgefallene Kleidung an?

Zurück zu meiner Klientin: Sie wählte für die Präsentation ein klassisches Kostüm und eine geblümte Bluse zu ihrem rotem Schmuck und roten Schuhen – sie hatte das Konzept also verstanden: anpassen, ohne den persönlichen Stil aufzugeben. Sie hatte mir gesagt, dass sie sich einfach nicht verkleiden möchte. Eine Haltung, in der ich sie bestärkte. Einerseits ist es wichtig, die Unternehmenskultur zu respektieren. Andererseits möchte aber jeder Unternehmer die Persönlichkeit seiner Mitarbeiterinnen und Führungskräfte erkennen. Durch ein sichtbares Stück eigenen Stils werden diese glaubwürdiger und können – im wahrsten Sinn des Wortes – zeigen, was in ihnen steckt.

Bei all dem kommt es natürlich auch auf die Art des Unternehmens an. Bei einem Sportartikelunternehmen wäre z.b. ein Anzug nicht nur generell die falsche Wahl, sondern wohl auch respektlos den Unternehmensinhalten gegenüber. Das Unternehmen verkauft Sportkleidung und will natürlich diese Kultur leben. Meist sieht man in so einem Unternehmen die Mitarbeiter mit Sportschuhen und dazupassenden Schuhen. Ein Anzug wäre schon ausnahmsweise okay, aber täglich würde es sehr irritieren, da ja die Unternehmenskultur ist, Sportkleidung zu tragen.

Ein weiterer beliebter Fehler bei Frauen ist, dass sie den Kleidungsstil, den die Männer des Unternehmens zeigen, kopieren. Die Anzug- und Weiße-Blusen-Zeit ist mittlerweile in allen Etagen veraltet. Heutzutage muss man sich als Frau nicht mehr männlich verhalten oder kleiden. Respektvolle Kleidung darf längst auch eine Spur Weiblichkeit haben. Es darf nur nicht zu ausgefallen sein.

Sex sells?

Es gibt Regeln für einen wirkungsvollen Auftritt, die ich Ihnen aufzeigen möchte. Jede muss für sich entscheiden, ob diese für sie passend sind.

Legen Sie Wert auf ein gepflegtes und angenehmes Äußeres. Oft sind es Kleinigkeiten, die einen positiven Eindruck innerhalb von Sekunden zunichte machen können. Wie sieht es aus, wenn bei einer Kollegin die Socken zwar noch kein Loch haben, aber der Stoff an der Ferse schon ziemlich ausgedünnt ist?

Was denken Sie sich, wenn Sie ungeputzte, abgetragene

oder abgeschlagene Schuhe sehen? Schuhe sind überhaupt ein heikles Thema. Sie sind meist ausschlaggebend für den Gesamteindruck. Plastikschuhe zum Beispiel wirken meist billig und lassen die Trägerin in keinem guten Licht erscheinen. Gute Schuhe hingegen bessern jedes günstige Outfit auf.

Sie sollten darauf achten, dass keine Unterwäsche durch die Kleidung durchscheint oder hervorblitzt. Weder die knapp sitzende Hüftjeans mit Tanga-Einblick noch schlabberige Pullover sehen nach seriösem Business aus.

Frauen sollten speziell auf die Länge des Rocks (nicht kürzer als eine Handbreit über dem Knie) und die Tiefe des Dekolletés achten. Das Dekolleté sollte nur eine Handbreit vom Hals bis zur Brust frei sein. Der Rest sollte laut Kleiderknigge bedeckt sein. Ich persönlich bin der Meinung, dass man keinen Brustansatz sehen sollte.

Männer tun sich schwer mit der Konzentration, wenn sie sich bei Präsentationen einer tief dekolletierten attraktiven Dame gegenüber sehen. Es mag zwar manchmal von Vorteil sein, mit seinen Reizen zu spielen, das kann jedoch auch schnell nach hinten losgehen. Es ist ein häufiges Problem, dass Frauen mit zu knappen Röcken und zu offenherzigen Dekolletés nicht für voll genommen werden. Der männliche Jagdtrieb wird durch solche Kleidung angestachelt.

Ähnlich ist es mit schulterfreier Garderobe und Trägerkleidern. Das zu verstehen fällt wiederum frau schwer – gerade im Sommer. Aber schauen Sie sich Meetings mit männlicher Besetzung an: Meistens treten die Herren der Schöpfung auch bei heißeren Temperaturen in voller „Montur" an: Sakko, Hemd, Krawatte, langärmelige Hemden, da Kurzarmhemden vielerorts verpönt sind. Kein Wunder, dass es an Respekt mangelt, wenn sich Frauen die Freiheit herausnehmen, halbnackt zu einem Meeting zu erscheinen. Fazit: Ein Blazer muss über ein schulterfreies Kleid. Das Gleiche gilt besonders dann, wenn Sie sich für ein eng anliegendes oder ärmelloses T-Shirt, einen Body oder eine durchsichtige Bluse entscheiden. Wenn Sie alleine im Büro sitzen, können Sie das Sakko gerne ausziehen, aber während eines Meetings lassen Sie es bitte an, wenn Sie ernst genommen werden wollen. Viele Frauen glauben nicht an die starke Wirkung, die betont sexy Kleidung bei Männern hervorruft, oder meinen, die Männer müssten dies ignorieren, da es ihr gutes Recht ist, sich so zu kleiden. Doch viele Männer geben ganz offen zu, dass ihre Konzentration sofort abgleitet, wenn sie einer Frau gegenübersitzen, die viel Dekolleté oder Bein zeigt, und auch die Praxis lehrt uns immer wieder anderes: Ich war zu einer Seminarreihe im Sommer eingeladen und hatte dort einen Workshop. Als ich ankam, waren natürlich andere Trainer vor Ort. Unter anderem eine Dame mit kurzem Rock und Trägershirt. Sie hatte viel Oberweite, war „normal" geschminkt, der Blazer lag über ihrem Arm. Sie trug spitze hohe Schuhe und keine Strümpfe. Wir unterhielten uns sehr gut – auch weil sie eine sehr sympathische Art hatte. Die männlichen Kollegen waren sehr angetan von ihr und „balzten" während des Gesprächs um sie herum wie Hähne. Ich bin auf die Beobachtung solcher Szenen ja „spezialisiert" und es war für meine Schatztruhe an Erfahrungen interessant und darüber hinaus lustig anzusehen, nur ihr war es sichtlich unangenehm. Nach und nach veränderte sich ihre Stimme, wenn sie mit den männlichen Kollegen sprach. Sie wurde immer höher und piepsender. Und zum guten Schluss fing sie auch noch an mit ihren Haaren zu spielen. Mehr war nicht mehr notwendig, um die Herren völlig aus der Fassung zu bringen. Wir verteilten uns später in die verschiedenen Workshop-Locations. Während sie verschwand, blieb ich in sicherer Entfernung stehen, um die Reaktionen der Männer abzuwarten. Sie begannen laut zu lachen und waren sich

einig: *„Wow, die ist sicher leicht ins Bett zu kriegen."* Solche
und ähnliche Sprüche fielen, wie Männer eben manchmal
reden, wenn sie unter sich sind. Vor Frauen hätten sie das natürlich nie gesagt. Ich war wirklich schockiert darüber, wie
sehr die Aufmachung der Frau ihren Status beeinflusst hat.

Glauben Sie mir, ich war Technikerin und hatte es im
Laufe meiner Tätigkeit in dieser Branche mit vielen Männern
auf unterschiedlichen beruflichen Ebenen zu tun gehabt:
Knappe Kleidung im Business lässt Männer an Sex denken.
Natürlich dürfen Sie sich „schön" und nach Ihrer Vorstellung kleiden. Die Frage ist nur, ob Ihnen die Auswirkungen
bewusst sind.

Eine Geschäftsführerin, die an einem meiner Seminar-
re teilnahm, erzählte mir, dass sie gerne ihre Individualität
über ihre Kleidung ausdrückt. Sie trug ein Sommerkleid mit
sehr gewagtem Ausschnitt. Ich meinte: *„Und es drückt Ihre
Individualität aus, wenn Ihr BH unter dem schulterfreien
Kleid für jeden sichtbar ist?"* Sie beharrte darauf, dass sie
es trotz ihrer sehr freizügigen Kleider nach oben geschafft
hätte und das weiterhin so handhaben werde. Darauf meine
Frage: *„Wie hielten Sie es damit, als Sie noch nicht in der
jetzigen Position waren?"* Daraufhin wurde ihr Gesicht
ernst. *„Ich war ganz anders gekleidet, viel bedeckter, weil
ich kompetent erscheinen wollte."* – *„Hat das gewirkt?"* –
„Ja, sonst wäre ich nicht in der jetzigen Position." Wenn Sie
in Ihrer Karriere bereits viel erreicht haben und es unwich-
tig ist, was andere denken, kleiden Sie sich, wie Sie wollen.
Wenn Sie eine vollkommen unangreifbare Position haben,
schadet es Ihnen natürlich nicht, wenn Sie wie der Erfinder von Facebook, Mark Zuckerberg, ausschließlich in Jeans
und T-Shirt umherlaufen. Was ihm übrigens am Tag seines
großen Börsengangs von Analysten umgehend als „Unreife"
ausgelegt wurde. Sind Sie sich aber bewusst, was Sie damit
auslösen. Ich kenne keinen Mann in gehobener Position, der

nicht korrekt und gemäß den gängigen Standards gekleidet ist. Übrigens: Für ein Dinner mit dem US-Präsidenten schlüpfte sogar Zuckerberg entgegen seinen sonstigen Gewohnheiten in ein Sakko.

Es gibt auch noch weitere Tipps, die Ihnen für Ihren Auftritt nützlich sein können und die ich Ihnen gerne nahebringen will, weil diese Punkte tatsächlich oft vernachlässigt werden.

Tragen Sie nie durchsichtige Blusen ohne Top darunter. Verzichten Sie auf knallige Farben wie neongrün oder grellorange. Entscheiden Sie sich für ein dezentes Make-up. Setzen Sie mit Schmuck zurückhaltende Farbakzente. Wenige, aber dafür wirklich schöne Einzelstücke wirken – egal ob echt oder falsch.

Bei Haaren und Parfum gelten ähnliche Regeln: Weniger ist auch hier oft mehr. Künstliches Aufstylen ist tabu. „Totgefärbtes", brüchiges Haar wirkt ungepflegt und teilweise billig. Verzichten Sie lieber einmal auf eine neue Haarfarbe, damit sich Ihr Haar erholen kann.

Zu viel Parfum schadet oft mehr, als es nützt. Denn der Duft ist essenzieller Bestandteil des ersten Eindrucks. Öfters den Duft zu wechseln hilft dabei, ein Gefühl für die angemessene Dosis zu entwickeln.

Selbst wenn dieser Hinweis vielleicht banal erscheint: Es ist wichtig, dass die Kleidung auch passt. Eine Bluse, die über der Brust spannt und bei der ein Knopf Gefahr läuft, abgesprengt zu werden, wirkt nicht gerade vorteilhaft. Auch zu enge Hosen, unter denen sich der Slip abzeichnet, machen keinen schlanken Fuß. Tragen Sie Kleidung in Ihrer Größe. Zu große Kleidung kann ebenfalls lächerlich wirken.

Ich erinnere mich an ein wirklich schockierendes Erlebnis bei einem Vortrag, den ich als Zuhörerin erlebte. Vor mir stand eine Frau, die in der Beraterbranche anerkannt und respektiert ist. Sie trug eine Anzughose und eine weiße

Bluse darüber. Aus beiden war sie sichtlich „herausgewachsen". Die Bluse war zudem schon leicht gräulich. Das Sakko hatte sie aufgrund der hohen Temperaturen über einen Sessel gehängt. Bei jeder Bewegung kam ihr Bauch zum Vorschein. Obwohl diese Frau eine unglaubliche Ausstrahlung besitzt, konnte sie an diesem Tag mit dieser Kleidung ihre Klasse nicht ausspielen. Nach dem Vortrag war nur das Outfit Gesprächsthema.

Meine Versuche, den Inhalt des Vortrags zu diskutieren, scheiterten meistens an Antworten wie *„Gut, aber die Kleidung war unglaublich".*

Damit Ihr Auftritt gut läuft, noch einmal alles im Schnelldurchlauf

→ Achten Sie auf Ihre Körperhaltung und -spannung.

→ Hinterfragen Sie Dinge, wenn Sie unsicher sind.

→ Geben Sie sich mehr Wert.

→ Achten Sie auf die eigene Betrachtungsweise.

→ Beobachten Sie sich positiv.

→ Vertrauen Sie auf Ihr Wissen.

→ Gestalten Sie Inhalte und Vorstellungen in folgender Abfolge: Ouvertüre, Hauptakt, Schluss.

→ Verwenden Sie kurze Sätze.

→ Besuchen Sie Trainings, um Ihren Auftritt zu perfektionieren.

→ Üben, üben, üben – Trockentraining macht Sie zur Perfektionistin.

→ Begegnen Sie Nervosität mit Humor.

→ Achten Sie auf Ihre Kleidung.

KAPITEL 6
Kraft zeigen – Ziele erreichen

In den vorangegangenen Kapiteln war viel von Motivation und davon, wie man seine Energie aufrechterhält, die Rede. Dieses Abschlusskapitel soll Ihnen noch einmal vor Augen führen, wie Sie als Frau erfolgreicher und zielorientierter werden. Es soll aber auch eine andere wichtige Facette beleuchten: die Kunst, wie Sie sich die Kraft und den Spaß an der persönlichen Entwicklung erhalten.

Brennt Ihr Feuer?

Ich möchte noch einmal betonen, dass es kein Patent-Erfolgsrezept gibt, das für jede Frau funktioniert. Die Tendenz zum Erfolg ist in jedem Menschen unterschiedlich ausgeprägt – genauso, wie der Weg dorthin verschieden verläuft. Darum sehe ich viele Ratgeber, die pauschal den unfehlbaren Pfad zum individuellen Erfolg versprechen, immer mit gemischten Gefühlen. Trotz vieler Hinweise, Tipps, Strategien und Anleitungen sucht jeder Mensch letztendlich seinen eigenen Weg. Dieser kann dem Verhalten der breiten Masse ähneln oder diesem komplett widersprechen.

Alles ist eine Frage des Charakters, der Talente und des Umfelds, in dem sich diese Facetten zu einem großen Ganzen vereinen. Da das Leben herrlich komplex und voller Überraschungen ist, kommen noch viele weitere Variablen hinzu, deren Bedeutung für Ihren persönlichen Erfolg nur Sie selbst einschätzen können. Generell entscheiden aber sicherlich Ehrgeiz, Durchhaltevermögen und Wille über Erfolg, Stagnation oder Misserfolg. Familiäre Herkunft oder in die Wiege gelegter Reichtum werden hingegen oft überschätzt und sind nur zum Teil wichtige Faktoren, um aus eigener Kraft langfristig erfolgreich zu sein. Wichtig ist das Feuer, das in Ihnen brennt.

Mein Anliegen, das ich mit diesem Buch verfolge, ist, möglichst viele Frauen erkennen zu lassen, dass mehr möglich ist, als sie sich vielleicht zutrauen. Wie man sich auf den Weg macht, ist eine individuelle Entscheidung. Aber egal, ob man an einer besseren Kommunikation arbeitet oder seine Strategie feinabstimmt – es geht Schritt für Schritt weiter und Sprung für Sprung über den eigenen Schatten. Wir bewegen uns alle in unserer individuellen Komfortzone, die sehr stark von unserer Umgebung abhängt, und wollen dort nach Möglichkeit nicht heraus. Dieser berühmte „innere Schweinehund" ist nicht nur bei Diäten hinderlich, sondern generell für Veränderungen, die uns dort hinbringen sollen, wo wir noch nicht waren. Schauen wir uns diese berühmte Komfortzone doch einmal genauer an.

„My home is my castle": die Komfortzone als Erfolgsbremse

„Komfort" verbinden viele automatisch mit Behaglichkeit, Gemütlichkeit, Vertrautheit und Sicherheit – also Zuständen, die wir als sehr angenehm empfinden. Die Komfortzone ist aber auch der Bereich, in dem wir uns zeitlich am meisten aufhalten – also unser Alltag. Und dieser Begriff ist nicht automatisch nur positiv besetzt. „Alltag", das ist für viele etwas Mühsames, Erzwungenes, Automatisches, Langweiliges. Jeden Tag zur gleichen Zeit aufstehen, das Gleiche frühstücken, die gleiche Route ins gleiche Büro nehmen, zur gleichen Zeit Mittagspause machen, ... – Das hat etwas von „Und täglich grüßt das Murmeltier" – nur ohne Happy-End-Lovestory. Auch diese Gewohnheiten und Rituale gehören zu unserer Komfortzone.

Auf den Punkt gebracht: Alles, was für Sie neu ist, liegt außerhalb der Komfortzone. Passionierte Läufer, die sich vornehmen einen Marathon zu laufen und dafür trainieren, verlassen ihre Komfortzone. Marathonläufer, die tanzen lernen wollen, verlassen ihre Komfortzone. Das gleiche Prinzip gilt auch für Wissen und Know-how. Wenn Sie eine neue fachliche Facette Ihres beruflichen Kerngebietes erlernen, machen Sie ein paar Schritte aus der Komfortzone. Wenn Sie in eine völlig neue Branche wechseln, sind Sie mit einem Schlag ganz schön weit von „zu Hause" entfernt.

Auf den Punkt gebracht: Sobald Sie etwas anders oder etwas anderes machen als bisher, verlassen Sie Ihre Komfortzone.

Für mich persönlich ist dieses Thema immer mit meiner Rückkehr von Amsterdam nach Wien verbunden. Ich war begeistert von dem „Open Spirit" der Holländer und stellte in Wien fest, dass mir diese Offenheit der Menschen fehlte. In Amsterdam ist es „normal", jederzeit ohne Probleme mit neuen Menschen in Kontakt und ins Gespräch zu kommen. In Wien war das in Relation dazu etwas nicht Alltägliches – also außerhalb der Komfortzone. Ich fasste folgenden Entschluss: *„Für ein Jahr lerne ich pro Woche zumindest einen neuen Menschen kennen – egal ob Mann oder Frau."* Es ging dabei nicht um Lebenspartner oder tiefe Freundschaften, sondern darum, neue Menschen in mein Leben zu bringen und ihnen offen zu begegnen.

Die ersten Wochen kostete das relativ viel Kraft, da es natürlich nicht so einfach ist, einfach auf Menschen zuzugehen und sie anzusprechen, wenn das in einer Gesellschaft nicht üblich ist. Aber ich überwand die Grenzen meiner Komfortzone und sprach wildfremde Menschen an, die ich für wirklich interessant hielt und die mir auf den ersten Blick sympathisch waren. Mein Einstieg war folgendermaßen: *„Ich habe Sie beobachtet und ich finde Sie aus diesen oder jenen Gründen spannend. Darf ich fragen, woher Sie dieses oder jenes haben?"* Sobald ich irgendetwas Spannendes an dem anderen fand und das aussprach, war die Barriere gebrochen.

Besonders zu Beginn war das wirklich schwer. Wenn ich am Samstag noch keinen neuen Menschen kennengelernt hatte, musste ich dranbleiben. Also machte ich sonntags einen Spaziergang und schon hatte ich eine ältere Dame in ein wirklich wunderbares Gespräch verwickelt. Wir tranken gemeinsam einen Kaffee. Es waren zwei wunderbare Stunden und dabei blieb es auch. Ich erzählte ihr natürlich von meinem Vorhaben und sie war so begeistert, dass sie beschloss es ebenfalls zu versuchen. Sie meinte ganz trocken: *„Wir Menschen haben es verlernt, aufeinander zuzugehen. Sie haben aus einer neuen Lebenssituation einfach etwas gemacht und dieser neue Zugang gefällt mir sehr. Ich werde wachsamer sein und es auch ausprobieren."*

Nach und nach erzählte ich meiner Umgebung von meinem Vorhaben. Alle waren irritiert, fanden die Idee aber gleichzeitig spannend. Meine Geschichte machte die Runde und plötzlich war es für mich unglaublich leicht, neue Menschen kennenzulernen. Meine Vorgabe von einer neuen Bekanntschaft pro Woche war sehr schnell kein Maßstab mehr. An einem Tag traten oft mehrere spannende Menschen in mein Leben. Niemals erntete ich ungute Reaktionen, wenn ich mein Ziel erwähnte. Im Gegenteil: Viele nahmen sich ein Beispiel an meinem ungewöhnlichen Zugang. Ich mag Menschen und auch die Auseinandersetzung mit ihnen, daher fällt mir mein Vorhaben nicht mehr schwer. Es ist mittlerweile zu meiner Komfortzone geworden.

Obwohl es zu Beginn ein sehr deutlicher Schritt der Überwindung war, Energie und Aufwand gefordert hatte, kann ich Ihnen aus Erfahrung jedenfalls nur raten: Verlassen Sie Ihre Komfortzone, es zahlt sich aus und gibt Ihnen darüber hinaus noch ein gutes Gefühl!

Angst!

Kennen Sie das: Sie argumentieren mit sich selbst, warum Sie sich nicht ins Unbekannte vorwagen sollten? Achten Sie darauf, mit welchen logischen und unlogischen Argumenten Sie sich selbst davon abhalten, Neuland zu betreten. Gerade wenn es darum geht, unsere Komfortzone zu verlassen, finden wir oft Hunderte Gründe, es nicht zu tun. Die beliebtesten Ausreden sind: *„Ich habe keine Zeit"* und *„Das kann ich mir nicht leisten"*.

Beobachten Sie doch einmal, wie Sie auf Vorschläge anderer reagieren. Welche Gründe haben Sie, um darauf nicht einzugehen? Wie fühlen Sie sich, wenn Sie einfach mal Ja sagen?

Angst ist ein sehr guter Hinweis darauf, dass Sie Ihre Komfortzone verlassen. Dabei gibt es Ängste, die uns bewusst sind, und Ängste, die uns nicht bewusst sind. Ich hatte z.B. immer Angst davor, mich im Ausland aufzuhalten. Reisen zählte nicht zu meinen bevorzugten Tätigkeiten, weil ich früher Angst vor dem Neuen und Unbekannten hatte. Durch den beruflichen Auslandsaufenthalt – ein Schritt, der mich sehr, sehr viel Überwindung gekostet hat – veränderte sich das alles radikal. Mittlerweile brauche ich den regelmäßigen Weg aus der Komfortzone Österreich, um geistig gefordert und erfüllt zu bleiben. Reisen ist immer noch aufregend für mich und der Start ist am ersten Tag nach wie vor mit einigen körperlichen Strapazen verbunden. Aber bin ich erst einmal vor Ort, fühle ich mich sehr glücklich. Der Wunsch zu reisen war innerlich wohl immer in mir vorhanden, doch ich wurde von meiner Angst „zurückgehalten".

Es gab viele Ausreden, warum ich mich selbst von allem fernhielt, was mit einer Reise einherging. Geld war nur eine davon. Wenn man diesen Punkt irgendwann überwunden hat, durchschaut man die eigenen Tricks und kann seinen Ängsten ins Gesicht sehen. Man weiß: Wenn die Angst auf den Plan tritt, nähert man sich den Grenzen der eigenen Komfortzone.

Das erste Mal aus meiner Komfortzone zu treten war übrigens nicht einfach und nicht ganz freiwillig. Es blieb mir jedoch nichts anderes über, als sie zu verlassen, weil ich auch andere Kulturen aus einem beruflichen Kontext heraus kennenlernen musste. Gleichzeitig leben ein paar Freunde und die Familie nicht in unmittelbarer Nähe. Um Menschen, die ich liebe und die mir wichtig sind, zu begegnen, muss ich reisen.

Welche Komfortzonen haben Sie? Ein Klient von mir bewegt sich im Winter nicht gerne in größeren Menschenmengen und verlässt daher selten die eigenen vier Räume, weil er Angst hat, krank zu werden. Er hat das Büro im Haus und betreut seine Kunden direkt dort. Einige meiner Kundinnen hassen es, Kunden für ihr eigenes Unternehmen zu akquirieren. Sie hoffen darauf, dass die Aufträge auch dann kommen, wenn sie nicht viel dafür tun. Dann gibt es Seminarteilnehmerinnen, die bei verschiedenen Lehrgängen, die im selben Hotel stattfinden, immer in das gleiche Zimmer eines Hotels einchecken und auch immer am selben Platz im Seminarraum oder am Mittagstisch sitzen wollen, weil sie sich dort wohl und sicher fühlen. Sind sie einmal in ihrer Komfortzone, fällt es manchen Menschen schwer, sich daraus zu entfernen.

Warum es sich lohnt, die Komfortzone zu verlassen

Was Sie davon haben, wenn Sie die Komfortzone verlassen, liegt auf der Hand: Ihr Leben wird spannender, wenn Sie sich regelmäßig Dinge zutrauen, die Sie so vorher noch nie getan haben. Wer sich immer wieder neuem Wissen öffnet und sich seinen Ängsten stellt, erlebt Abenteuer und wird gleichzeitig selbst zu einem interessanteren Menschen. Ich persönlich finde jene Menschen sehr spannend, die mir von ihren Erlebnissen erzählen und mir damit vor Augen führen, wie vielfältig das Leben ist. Unterhaltungen mit solchen Menschen gehen meistens wie von selbst, weil es immer Gesprächsstoff gibt. Menschen, die vorwiegend in ihrer Komfortzone bleiben, erleben hingegen sehr wenig. Für sie ist der Urlaub im All-inclusive-Club das größte Highlight, von dem sie berichten können.

Übrigens, das Ganze ist ein Kreislauf: „Offene" Menschen sind auch im beruflichen Umfeld meistens interessanter und erfolgreicher, weil sie mehr zu sagen haben. Und da interessante Menschen automatisch andere interessante Menschen anziehen, ziehen sie auch interessante Möglichkeiten an.

Mittlerweile lege ich keinen bewussten Mehraufwand mehr in meinen Wunsch, laufend Menschen kennenzulernen. Es passiert automatisch. Durch die Vielfalt meiner Aktivitäten und Interessen treffe ich sie, während ich diesen Interessen nachgehe. Aus diesem Kreislauf sind tiefe Freundschaften und wertvolle berufliche Partnerschaften entstanden. Ein Ende ist nicht abzusehen.

Was auch nicht vergessen werden darf: Durch die neuen Erfahrungen wächst auch Ihr Wissen und Ihre Allgemeinbildung ständig. Dadurch haben Sie wiederum neuen Gesprächsstoff bei Kunden und im Job, mit dem Sie als Person beeindrucken können. Ich rede hier nicht von Themen wie

Quantenphysik oder Astronomie. Lassen Sie sich von Menschen Details vom Golfen oder vom Grillen erzählen. Sie werden staunen, welch Wissen Sie auf diesem Wege anzapfen können. Alleine wenn Sie wissen, was ein Handicap ist, wozu Sie einen Driver brauchen und was ein Flight ist, kommen Sie mit einem golfenden Geschäftspartner oder Vorgesetzten leichter ins Gespräch. Ich erinnere mich an viele faszinierende Gespräche – zum Beispiel an eines mit einem „Sportfischer", einer Disziplin, von der ich bis dahin nicht einmal gewusst hatte, dass sie überhaupt existiert. Es war spannend zu erfahren, nach welchen verschiedenen Regeln hier Wettkämpfe und Weltmeisterschaften ausgetragen werden. Es gibt Werksteams wie in der Formel 1, die von Ausrüstern gesponsert werden, und verschiedenste technische Hilfsmittel – eine völlig neue Welt.

Durch solche Gespräche gewinnen Sie an vielseitiger Erfahrung, die Sie wie nebenbei in Unterhaltungen miteinfließen lassen können. Zum Beispiel können Sie beim Smalltalk, wenn die Rede auf ungewöhnliche Hobbys kommt, bemerken: „In einem sehr interessanten Gespräch mit einem Sportfischer habe ich erfahren …" Es kann sehr schnell passieren, dass Sie von anderen als gebildet, weltgewandt und vielleicht sogar als weise empfunden werden – und das ist mit der Zeit nicht einmal mehr falsch. Denn weise ist nicht nur der, der alles selbst erlebt, sondern der, der offen für die Erfahrungen anderer ist. Mit solchen Qualitäten wird Ihnen eine Führungsposition oder manch andere Verantwortung eher zugemutet, da Sie vielseitiger sind als fachlich spezialisierte Experten, die oft nur in ihrem Gebiet top sind.

Noch ein Vorteil darf nicht unerwähnt bleiben: Diese Offenheit hält Sie körperlich und geistig fit, was Ihnen vor allem in älteren Lebensjahren viel Freude bereiten wird. Es ist wissenschaftlich erwiesen, dass Menschen, die sich bis ins hohe Alter regelmäßig mit neuen Themen beschäftigen, geistig fitter sind als andere.

Ich kenne Menschen, die sich mit siebzig Jahren zum ersten Mal einen PC zugelegt haben, um einen Gedichtband zu schreiben. Und ich kenne ältere Menschen, die gerne reisen und neue Kulturen kennenlernen. Diese Menschen erzählen immer voller Euphorie über ihre Tage und haben permanent Fragen, wie das eine oder andere funktioniert. Die Sichtweisen sind jedes Mal bereichernd und unterhaltsam zu gleich.

Offenheit belohnt sich selbst

Die Komfortzone zu verlassen ist gleichbedeutend damit, der eigenen Angst ins Auge zu blicken. Das ist nicht jedermanns Sache, erfordert Mut und entschlossenes Handeln – darum bleiben so viele Menschen auch lieber in ihrem sicheren Bereich. Wer sich selbst überwindet, erlebt eine ganz eigene Form des Glücks und schafft Situationen, in denen sich Türen für weitere spannende Entwicklungen öffnen.

Angst ist meist ein schlechter Berater, weil sie auf einem irrealen Fundament beruht. Aus diesem Grund ist es so wichtig, die eigenen Ängste zu erkennen, sie ernst zu nehmen und sich ihnen letztendlich zu stellen. Treffen Sie nach Möglichkeit nie aus der Angst heraus Entscheidungen.

Aus eigener Erfahrung kann ich versichern, dass sich das Überwinden einer Angst automatisch auch auf andere Ängste auswirkt. Als ich mich erfolgreich meiner Reisephobie gestellt hatte, merkte ich, dass sich das auch auf andere Bereiche meines Lebens übertragen hatte. Ich agierte in schwierigen Situationen plötzlich viel gelassener und reagierte flexibler bei beruflichen Herausforderungen. Mit einem Mal hatte sich mein Horizont erweitert und es eröffneten sich neue Perspektiven, sowohl beruflich als auch privat. Ich ging mit mehr Selbstvertrauen und Selbstbewusstsein meinen Weg.

Genau diese Wesensveränderung unterstützt Sie auf dem Weg zum Erfolg. Mit dem Wissen, dass Sie auch scheinbar unüberwindbare Hindernisse meistern können, sind Sie nicht mehr auf *einen* Job, auf eine bestimmte Tätigkeit, einen Kunden, eine Arbeit oder einen Ort festgelegt, sondern können flexibel denken und reagieren. Wer einmal „durch die Angst hindurchgegangen ist", versteht den amerikanischen Zugang – *„Dir gehört die Welt. Du musst dich nur trauen sie zu erobern"* – ein bisschen besser. Durch diese flexible Denkstruktur werden Sie auch interessanter für eine Führungsposition.

In der heutigen Zeit verändern sich Unternehmen sehr schnell und das eine kann an einem anderen Tag nichts mehr wert sein. Ist man zu sehr in seiner Komfortzone, fällt es sehr schwer, sich zu verändern, und man kann sich dem Jobmarkt nicht anpassen. Neue Situationen werden dann zu einer riesigen Herausforderung.

Also, heraus aus der Komfortzone, nicht bald, nicht morgen, gleich jetzt!

Intuitiv erfolgreich

Durch viele neue Erfahrungen in den unterschiedlichsten Bereichen (neue Speisen, Sportarten, Kunst, Menschen, Jobs, ...) schulen Sie automatisch Ihre Intuition. Ich habe in jungen Jahren den Psychotherapeuten Gunthard Weber im Rahmen eines Aufstellungsseminars gefragt, woran er erkennt, was die Leute bedrückt. Ich war von seiner Beobachtungsgabe und seiner Vorgehensweise wirklich beeindruckt und wollte so weit wie möglich hinter die Kulissen schauen. Seine Antwort hat mich für mein privates und berufliches Leben geprägt:

„Ich greife auf umfassende Erfahrung zurück, die ich mir im Laufe der Jahre angeeignet habe. Diese Erfahrung beruht auf Beobachtung und Hinterfragen. Jeder Mensch hat eine Geschichte und viele Menschen haben ähnliche Geschichten: Missbrauch, Verlust eines geliebten Menschen und viele weitere. Jeder Mensch reagiert natürlich anders auf diese Szenarien, aber meist gleichen sich Gestik und Mimik. Durch aufmerksame Beobachtung erkennst du Wiederholungen und durch das Hinterfragen erkennst du, ob du mit deiner Intuition richtig liegst. Mit den Jahren wirst du mehr auf deine Intuition vertrauen und diese mehr und mehr in dein Leben integrieren.“

Auf den Punkt gebracht heißt dies: *„Erfahrung schult die Intuition.“* Ich kann das viele Jahre nach dieser Aussage von Gunthard Weber nur bestätigen. Ich lerne tagtäglich von Menschen und mit Menschen. Nichts bremst einen dabei so sehr wie Angst. Wer zu viel Angst hat, kann nicht auf seine Intuition hören, weil Angst unermüdlich Ausreden produziert. Je öfter Sie über Ihren Schatten springen, desto leichter können Sie auf Ihre Intuition „hören“. Je öfter Sie intuitiv handeln, desto stärker wird Ihre Intuition. Jedes Verlassen der Komfortzone bringt Sie in Situationen, die Sie noch nicht kennen und in denen Sie intuitiv handeln müssen. Auch das trainiert Ihre Intuition.

Sie fragen sich jetzt vielleicht: *„Schön und gut, aber was hilft mir dabei, plötzlich ganz anders zu agieren als bisher?“* Und Sie haben recht: Das klingt alles recht einfach, ist aber ein Prozess, der viel Zeit, Geduld und Energie in Anspruch nimmt. Und wie überall benötigt es Struktur, um diese Herausforderung zu bewältigen. Methoden und Ziele helfen dabei, Teilaspekte der eigenen Persönlichkeit zu formen. Ob man mit diesem Ansatz bis in schwindelerregende Karriere-höhen vorstoßen will oder sich lediglich in der derzeitigen Führungs- oder Expertenposition besser behaupten möchte, ist und bleibt immer eine persönliche Entscheidung. Das eigene Ich soll bei diesem Prozess nicht verschwinden. Ganz im Gegenteil: Unsere individuelle Charakterausprägung ist das, was uns unverwechselbar und glaubwürdig macht. Die Rolle der toughen Businessfrau kann man auf Dauer nicht durchstehen, wenn man charakterlich ganz anders tickt. Eine bessere Führungsfrau zu werden bedeutet daher niemals, dass man seine weibliche Seite verstecken oder verbiegen sollte. Das möchte ich an dieser Stelle noch einmal dezidiert betonen. Überlegen Sie trotzdem: Wo sind die Grenzen Ihrer Komfortzone und was ist Ihr tatsächlicher Charakter? Verwechseln Sie niemals Angst mit Ihrem wahren Ich.

Power und Frau: weibliche Stärken ausspielen

Ich möchte an dieser Stelle darauf eingehen, wie Sie Ihre natürlichen Stärken als Frau bewusst einsetzen und damit Kontrastpunkte zu männlichem Führungsverhalten setzen können.

Mir ist bewusst: Die Frage nach den Unterschieden zwischen Männern und Frauen füllt selbst Hunderte Bücher. Ich möchte hier meine persönliche Sicht – gewonnen aus jahrelanger Erfahrung in der Arbeit mit Gruppen und Einzelpersonen – als Grundlage nehmen. Es sind ausgeprägte Tendenzen, die mir immer und immer wieder begegnen – keine in Stein gemeißelten Zuschreibungen. Wie Sie nach der bisherigen Lektüre vielleicht schon gemerkt haben, sind Botschaften leichter zu transportieren, wenn man Tendenzen bewusst überzeichnet und als gegeben annimmt. Das begünstigt den persönlichen Aha-Effekt.

Bitte beachten Sie, wenn Sie die folgenden Übersichten lesen, dass es nicht darum geht, Männer und Frauen zu vergleichen, sondern darum, dass Sie sich selbst kennenlernen: Nur wenn Sie sich Ihrer Stärken und Schwächen bewusst sind, können Sie diese auch verändern. Nur weil es eine Zuschreibung ist, heißt es nicht, dass es so bleiben muss. Gerade dieses Buch soll Ihnen Fokus geben, die Minuspunkte minimieren und Ihnen aufzeigen, wie Sie diese „umprogrammieren" können. Wenn Sie wissen, dass Sie über den normalen Schnitt hinaus gutmütig sind, dann können Sie sich darauf konzentrieren, bewusst auch Nein zu sagen. Es wird Ihnen keiner übelnehmen. Wenn Familiensinn ein wichtiges Thema für Sie ist, dann nutzen Sie diese Stärke für Ihr Team – Zusammengehörigkeitsgefühl und das Sich-verlassen-Können auf den anderen wird in Ihrem Team eine Selbstverständlichkeit sein.

Ich analysiere hier die Tendenzen, um Ihnen mehr Klarheit darüber zu verschaffen, warum Sie sich manchmal so oder so verhalten. Mit diesem Wissen können Sie es jederzeit ändern – es liegt in Ihrer Hand.

„Typische" Merkmale von Frauen

+ Mitgefühl und Freundlichkeit
+ Kommunikationsstärke und -vielfalt
+ Familiensinn und beschützendes Verhalten
+ sanfte Art und Warmherzigkeit
+ Friedfertigkeit und Geduld
+ Anpassungsfähigkeit
± Spontaneität und Impulsivität
− Zaghaftigkeit
− Wankelmut
− Zurückhaltung

- Schüchternheit
- Bescheidenheit
- List und Keifsucht
- Duldsamkeit und Fügsamkeit
- Irrationalismus

„Typische" Merkmale von Männern

+ Mut und Risikobereitschaft
+ Abenteuerlust
+ Führungsanspruch und Dominanz
+ Verlässlichkeit
+ Besonnenheit und Selbstbeherrschung
+ abstraktes Denken
- Aggression im Sinn von aktivem Zupacken
- Gewaltbereitschaft
- Machtgier
- Skrupellosigkeit
- Eigensinn

Am Anfang dieses Buches habe ich behauptet, dass der größte Unterschied zwischen Männern und Frauen der Grad des vorhandenen Größenwahns ist. Das spiegelt sich auch in dieser Auflistung wider. Registrieren Sie die klaren Unterschiede der beiden Bereiche und erkennen Sie, was Ihnen fehlt bzw. was davon Sie ausbauen sollten, um mehr Power und Selbstsicherheit zu bekommen.

Lesen Sie als Demonstration zu oben Erwähntem die folgenden Beispiele aus der Praxis und finden Sie auch „Ihre" Eigenschaften – und jene, die Ihnen noch fehlen.

Eine Klientin mit 15-jähriger Berufserfahrung als Krankenschwester hatte ihre Tätigkeit in der Klinik satt. Ohne Strategie und Überlegungen im Hinterkopf beschloss sie sich im energetischen Bereich selbstständig zu machen. Zwar „spürte" sie, dass es sie in diese Richtung zog, dennoch hatte sie ein Problem: Es war ihr hochgradig unangenehm, „hinauszugehen" und Kunden zu finden, weil sie sich nicht „anbiedern" bzw. verkaufen wollte. Ihre persönliche Lösung für die Praxis meinte sie in folgender Überlegung gefunden zu haben: Die Kunden müssten eben zu ihr kommen und sie „finden", auch wenn dieser Ansatz bedeutete, dass sie weniger verdienen würde. Irgendwie würde sich schon alles ausgehen. Die Möglichkeit zur Selbstverwirklichung war schließlich weitaus wichtiger als bares Geld. Doch es lief lange nicht so rosig wie geplant. Obwohl sie in einer Beziehung lebte, die sie selbst als „unglücklich" bezeichnete, war sie auf ihren Partner angewiesen, da dieser durch sein fixes Einkommen die anfallenden Kosten zum Großteil abdeckte und ihre Selbstständigkeit mitfinanzierte. Meine Frage, wie lange sie das so noch durchhalten würde, lieferte eine ernüchternde Antwort: *„Noch sechs Monate. Dann muss ich wohl in meinen alten Job zurückkehren."*

Welche Eigenschaften können wir in diesem Beispiel ausmachen?

Wir erkennen Mitgefühl, Freundlichkeit, Kommunikationsstärke und -vielfalt, Familiensinn und beschützendes Verhalten, Sanftmut und Warmherzigkeit. Dies zeigt sich neben der grundsätzlich sehr sozialen und an Menschen orientierten Auswahl ihres neuen Berufs unter anderem auch darin, dass sie in Kauf nahm, im Vergleich zu ihrem vorigen Job weniger zu verdienen, dafür aber alles geben wollte, was in ihrem Können steckte.

Die Entscheidung der Klientin zum beruflichen Ausstieg war spontan, impulsiv und – nüchtern betrachtet – irrational. Ihre Vorgehensweise war zurückhaltend, schüchtern und geduldig. Sie zeigte sich bescheiden, fügsam, anpassungsfähig bezüglich finanzieller Konsequenzen und wankelmütig, sofern alles nicht innerhalb einer irrational festgesetzten Zeitspanne funktionierte.

Ich kann Ihnen viele solcher Beispiele nennen. Aus der Erfahrung vieler Hunderter Frauen, die ich beraten und in Seminaren erlebt habe, kann ich Ihnen versichern, dass dieses Beispiel auf sehr viele Frauen zutrifft, die ähnlich agieren. Versuchen Sie anhand des folgenden Praxisbeispiels die Eigenschaften der handelnden Person selbst zu filtern: Eine Klientin im mittleren Alter war sehr erfolgreich in ihrem Job tätig. Aber nach zehnjähriger Tätigkeit in diesem Bereich stellte sie fest, dass die Faszination für ihr Fachgebiet schwand. Sie kündigte spontan von einem Tag auf den anderen und erntete dafür wenig Verständnis seitens ihrer Vorgesetzten. Auf der Suche nach neuen Herausforderungen wechselte sie in den Kommunikationsbereich, da sie in der Kommunikation eine ihrer persönlichen Stärken sah. Dort würde es ihr – so dachte sie – leicht fallen, beruflich weiterzukommen und ihre Erfüllung zu finden. Mit dem Weiterkommen behielt sie recht. Doch nachdem sie in dem neuen Job ihr angepeiltes Ziel erreicht hatte, wollte sich noch immer keine Erfüllung einstellen. Die Suche begann von Neuem. Nach einem neuerlichen Radikalumschwung fand sie in einem neuen Bereich der PR-Beratung schließlich die ersehnte Erfüllung, verlor jedoch die finanzielle Sicherheit, da sie sich selbstständig gemacht hatte. Die Notwendigkeit, ihr Können immer besser und effizienter einzusetzen, um finanziell über die Runden zu kommen, zermürbte sie. Sie bereute zutiefst manche Schritte unüberlegt gemacht zu haben, anstatt ihre Spontaneität rechtzeitig unter Kontrolle bekommen zu haben.

Welche Eigenschaften sind Ihnen in diesem Beispiel begegnet? Die Klientin hat sich ihre Kommunikationsstärke und -vielfalt zunutze gemacht. Wankelmut und Spontaneität waren trotzdem große Faktoren in ihrer Entscheidung.

Ein weiteres Beispiel – diesmal aber mit männlicher Ausprägung: Einer meiner Klienten brachte das Kunststück zuwege, trotz eines abgebrochenen naturwissenschaftlichen Studiums in den Vorstand eines Finanzdienstleisters zu kommen. Er startete neben dem Studium eine Karriere im Bereich Kommunikation und suchte sich dort einen exzellenten Mentor, der ihn mit den grundlegenden Managementregeln vertraut machte. Danach wechselte er in den Personalbereich eines Großkonzerns, wo er das erlernte Kommunikationswissen erfolgreich einsetzte. Nach einiger Zeit machte er sich in diesem Bereich mit einem Partner selbstständig. Trotz erfolgreicher und gewinnbringender Auftragslage war ihm das bald zu „unsicher". Er bewarb sich erneut um eine Angestelltenposition im Personalbereich und bekam eine leitende Funktion angeboten. Die Gelegenheit, in ein internationales Unternehmen zu wechseln, packte er, ohne zu zögern, beim Schopf. Er hatte die nötige Flexibilität, um ins Ausland zu gehen, entschied sich aber bald aus strategischen Gründen zur Rückkehr in die Heimat. Ein Jobangebot aus dem Finanzbereich erleichterte ihm diesen Schritt. Mittlerweile hatte er sich in diesem Unternehmen bis in den Vorstand hochgearbeitet, ohne MBA oder sonstige Studien. Sein Wissen hatte er sich selbst aus Büchern angeeignet. Er blieb stets innerhalb seines fachlichen Bereichs und arbeitete sich unternehmenspolitisch und fachlich Schritt für Schritt hinauf. Obwohl dieser Weg insgesamt zwanzig Jahre in Anspruch genommen hatte, war er dort, wo er hingewollt hatte. Dennoch fühlt er sich nicht immer „richtig", kompensierte dies aber mit privaten Hobbys. Das funktionierte, da der Job ihn einerseits forderte und andererseits genug Geld für die private Erfüllung lieferte.

Mein Klient hatte im Laufe seiner Karriere einerseits Abenteuerlust, Mut und Risikobereitschaft gezeigt, handelte aber andererseits verlässlich und selbstbeherrscht genug, um jeweils besonnen auf den richtigen Zeitpunkt für einen Wechsel zu warten. Er handelte eigensinnig und zeigte Durchhaltevermögen. Trotz Führungs- und Machtanspruch ließ er sich bei seinen beruflichen Entscheidungen nicht ausschließlich von diesen beiden Faktoren leiten. Auch der finanzielle Aspekt war ihm immer wichtig.

Die letzten beiden Beispiele zeigen anschaulich, wie verschieden Erfolg aussehen kann. Alle drei Personen haben ihren „richtigen" Weg eingeschlagen. Und doch haben alle völlig verschiedene Erfahrungen gemacht, wie anstrengend sich der Weg gestaltete und was der Preis für das Erreichen des Ziels war. Sehen Sie die Unterschiede nicht bewertend, sondern analysieren Sie einfach, welche Talente wie eingesetzt wurden. Kein Weg ist leichter oder schwerer – er ist nur anders.

Was unterscheidet nun erfolgreiche und kraftvolle Menschen von anderen? Es sind – wie Sie schon im entsprechenden Kapitel gelesen haben – Strategie, Vision und Ziel. Lassen Sie mich die Kernaussage noch einmal wiederholen: Die Vision gibt die Strategie für das Erreichen der Ziele vor. Wichtig dabei ist, die Notwendigkeit zum Realismus zu akzeptieren. Es gibt Menschen, die eine beeindruckende Vision haben, aber dabei komplett auf die realistische Umsetzung vergessen. Ich spreche hier von unglaublichem Größenwahn. Nur wenige Menschen sind bereit oder haben die Möglichkeit, in eine Vision viel Geld zu investieren. Fazit: Ohne Strategie und realistischen Plan sind die Chancen für eine erfolgreiche Umsetzung minimal.

Setzen Sie sich Ziele und analysieren Sie diese daraufhin, wie realistisch sie sind. Es geht dabei nicht nur darum, was, wenn alles gut läuft, vorstellbar wäre, sondern um Realismus, der auf tatsächlichen wirtschaftlichen Möglichkeiten beruht. Was ist in meinem beruflichen Bereich erreichbar? Wer ist meine Zielgruppe oder mein Kunde? Was muss ich zeitlich und finanziell investieren?

Schauen wir uns dazu noch ein Beispiel an. Eine meiner Klientinnen plante sich selbstständig zu machen. Sie wollte ein Unternehmen im Facility-Management-Bereich gründen. Sowohl das Konzept als auch ihre Voraussetzungen waren vielversprechend. In mehreren Sitzungen arbeiteten wir die Vision und die Etappenziele aus und definierten die Strategie. Eine genaue Marktanalyse hatte ein großes Potenzial für ein Unternehmen dieser Art aufgezeigt. Sie war Feuer und Flamme. Doch dann kam die Ernüchterung: Sie verfügte nicht über genügend Startkapital. Um das Projekt umzusetzen, hätte sich meine Klientin für geraume Zeit hoch verschulden müssen. Und nicht nur das: Ihr war klar, dass sie zumindest für die ersten drei Jahre mit einem extrem hohen Zeitaufwand rechnen musste. Aus diesen Gründen entschied sie sich dagegen. Sie traute sich die Überwindung der Hürden nicht zu. Es fehlte der notwendige Mut. Trotz der guten Voraussetzungen für einen Erfolg kam es zum Stopp, ehe es richtig begonnen hatte.

Es reicht also nicht, eine Vision und die richtige Strategie zu haben und auch zur richtigen Zeit am richtigen Ort zu sein. Es gehören außerdem viel Mut und Risikobereitschaft dazu, um das alles umzusetzen. Das trauen sich Männer meist mehr zu als Frauen. Frauen wägen viel mehr ab und wollen oft keinerlei Risiko eingehen und haben große Existenzängste.

Eine Angestellte zum Beispiel strebte eine Führungsposition an. Wir unterhielten uns über ihre Ausbildung, ihr Mutpotenzial und ihre Bescheidenheit. Diese drei Bereiche sah sie selbst als größte Hürden. Die Ausbildung war es aus meiner Sicht definitiv nicht, was sie behindern konnte, der mangelnde Mut und die ausgeprägte Bescheidenheit auf alle Fälle. Nach der Erarbeitung der Vision, der Strategie und der Ziele analysierten wir den Jobmarkt und den Inhalt ihrer neuen Wunschaufgabe. Da sie in einem relativ ausgefallenen Fachbereich der Unternehmensstrategie tätig war, standen die Chancen, eine leitende Funktion zu finden, nicht schlecht.

Allerdings war eine ausgefallene Vorgehensweise nötig, um diese zu bekommen. Ein „normaler" Lebenslauf und eine „normale" Bewerbung reichten nicht aus. Die Klientin kontaktierte ihre Kontakte und ging eine Zeit lang zu einschlägigen Events. Sie ergänzte ihren Lebenslauf mit jenen „Extras", die sie einem Unternehmen bieten konnte. Letztlich war sie erfolgreich und bekam die angestrebte Position – natürlich über einen unüblichen Weg. Die Position wurde für sie im Unternehmen geschaffen, weil sie noch nicht vorhanden war. Erst als sie Kontakt zu dem Wunschunternehmen aufgenommen und ihr Können unter Beweis gestellt hatte, wurde der entsprechende Bedarf im Unternehmen erkannt und die Position im Organigramm neu definiert.

Gut geplant ist halb gewonnen

Die Planung Ihrer Vorgehensweise ist ein wichtiger Puzzlestein, damit Sie Ihre Ziele erreichen. Was muss ich tun, um mein Ziel zu erreichen bzw. um weiterzukommen? Was sind die einzelnen Schritte und der definierte Zeitraum? Welche Personen muss ich in meinem Netzwerk ansprechen? Es liegt ganz an Ihnen, jeden Schritt zu planen und zu organisieren. Nichts ist dem Zufall oder dem Gefühl überlassen.

Wie schon weiter vorne erläutert ist es essenziell, sich unabhängig von anderen seine eigene Meinung zu bilden. Manche Menschen neigen dazu, uns zu sagen, was alles nicht möglich ist, warum dies und jenes nicht funktionieren kann und warum genau sie das wissen. Wenden Sie sich von diesen Personen ab und halten Sie sich bei Ihrer Vorgehensweise und Vorstellungen an Expertinnen und Experten. Diese können Ihnen realistische Daten und Fakten nennen sowie Unterstützung und Zuspruch in schwierigen Zeiten geben.

Auf Freunde und Bekannte trifft das eher nicht zu. Experten sind neidresistent, weil sie für ihr Wissen bezahlt werden. Freunde und Bekannte sehen möglicherweise eigene Wünsche nicht erfüllt und geben Ihnen (oft unbewusst) Ratschläge aus unlauterem Grund. Experten sind Coaches, Berater und Fachleute aus verschiedensten Bereichen und Branchen. So wie Sie bei körperlichen Beschwerden wohl kaum Ihren Freundeskreis, sondern einen Arzt konsultieren würden, sollten Sie das auch bei beruflichen Vorhaben handhaben. Das spart Ihnen Zeit und Energie. Ein „Externer" hilft Ihnen auch bei der Erweiterung Ihrer Sichtweise.

Bleiben Sie flexibel in Ihrer Vorgehensweise. Wenn die Ausführung eines Plans nicht hundertprozentig möglich ist, suchen Sie nach einer anderen Lösung. Ändern Sie nicht Ihre Vision, aber möglicherweise die Strategie – auch wenn äußere Umstände scheinbar dagegensprechen. Eine Wirtschaftskrise z.b. kann man nicht im Vorhinein erkennen oder im Nachhinein wegreden. Dennoch liegt auch in diesen Zeiten noch genug Geld auf der Straße, das zwar etwas versteckt ist, aber nach längeren Überlegungen doch gefunden werden kann. Oft braucht es einen neuen Zugang, um doch Geld zu machen. Dazu ist Flexibilität notwendig.

Viele Menschen hatten einen Traum und haben versucht ihn zu verwirklichen. Wenige hatten dafür eine Strategie. Wenige waren flexibel in ihrer Strategie. Dadurch wurden auch nur ganz wenige erfolgreich. Verwechseln Sie aber Flexibilität nie mit Wankelmütigkeit. Flexibilität bedeutet, offen für alternative Wege zu sein, wenn der ursprüngliche Plan nicht zur gewünschten Lösung führt. Wankelmütigkeit ist, die komplette Vision zu ändern, nur weil der direkte Weg dorthin gerade blockiert ist. Bleiben Sie auf dem Weg und suchen Sie, wenn ein Stein den Weg versperrt, nach einer Lösung, wie Sie das Hindernis umgehen oder beiseiteschaffen. Manchmal ist es nur ein Stein – manchmal vielleicht ein großer Felsen.

Das richtige Wissen führt zum Ziel

Viele Frauen sehen sich selbst als Spezialistin – allerdings nur in Teilbereichen. Wie oft sitzen Frauen bei mir und erzählen mir, dass sie sich zwar mit Körper, Seele und Geist beschäftigen, aber keinen blassen Schimmer von Unternehmensaufbau, Computer und Zahlen oder Führungsverantwortung haben?

Mein Ratschlag, sich zumindest ein Grundwissen über Einnahmen-und-Ausgaben-Rechnung, Buchhaltung, Budgetplanung, Projektmanagement, Arbeitsrecht und anderes nötiges juristisches Basiswissen, EDV-Abläufe und Führungskompetenz anzueignen, verstört viele. Für die meisten scheint es viel einfacher, diese Aufgaben an Spezialisten abzuschieben. Doch Fakt ist, dass die Verantwortung dafür in Ihren Händen liegt, wenn Sie selbstständig sind, oder es Ihren Aufgabenbereich als Führungskraft betrifft. Jeder Spezialist kostet Geld, und das muss man erst einmal zahlen können bzw. belastet es das Ihnen zugewiesene Budget, das Sie zu verantworten haben. Spezialisten sollten Sie zurate ziehen, wenn Sie selbst nicht mehr weiterkommen oder wenig Ahnung von dem Thema haben und Ihr Wissen durch die Beratung effizient erweitern möchten.

Daher ist es so wichtig, nie mit dem Lernen aufzuhören. Das bedeutet nicht, überall mit einem Studium oder einem MBA abzuschließen, sondern sich für die Vision notwendiges Grundwissen anzueignen und zu sichern. Also, was brauche ich an Wissen, damit ich ans Ziel komme? Bringt mich die gewählte Ausbildung ans Ziel? Oder ist es nur wieder einmal mein Ausweg, um ja kein Ziel definieren zu müssen?

Wenn ich z.B. das Ziel habe, einmal eine Vorstandsposition einzunehmen oder ein Unternehmen zu leiten, muss ich mir überlegen, ob ich das mit meinen jetzigen Möglichkeiten schaffen kann. Wenn nicht, sollte ich mir über die Jahre die fehlenden Eigenschaften aneignen.

Ein gutes Netzwerk ist ein Karriereturbo

Bilden Sie Netzwerke oder Seilschaften in Ihrem Unternehmen, in Ihrer Umgebung mit Lieferanten, mit Kunden und mit potenziellen Kontakten aus der Wirtschaft und Politik. Warum? Weil es notwendig ist, Rückhalt in wichtigen Situationen zu haben.

Ein Netzwerk ist eine Verbindung von Menschen, die sich gegenseitig unterstützen, Informationen austauschen und sich in unterschiedlichen Situationen helfen. Viele Frauen haben für ihre Kinder oder mit ihren Kindern ein tolles Netzwerk zum Austausch bei Schulaufgaben, für Babysitter oder Ähnliches. Wenige Frauen bilden jedoch berufliche Netzwerke und Seilschaften.

Dabei fällt mir der Fall einer Klientin ein, die von einem Kunden unbedingt Informationen für ein großes Projekt benötigte. Wir hatten während unseres Gesprächs festgestellt, dass der Vater eines Kindergartenkollegen ihres Sohnes gute Kontakte zu der betreffenden Firma hatte. Gleichzeitig verstand sich meine Kundin auch noch gut mit ihm. Meine Klientin war ganz verwundert, als ich ihr vorschlug, diesen Herrn doch auf einen Kaffee einzuladen und mit ihm über die gewünschte Information zu sprechen. Sie wäre selbst nie auf die Idee gekommen, da sie bislang keine Gedanken an ein Netzwerk verschwendet hatte.

Sie fragte mich, ob das nicht „zu anbiedernd" wäre. Ein typisch weiblicher Gedankengang: Zurückhaltung, Schüchternheit und Bescheidenheit. Ein Mann hat mich noch nie gefragt, ob das Ansprechen eines vielversprechenden Kontakts „in Ordnung" ist.

Erstellen Sie Listen über Menschen, die für Sie beruflich wichtig sein könnten. Das könnten Leute in der Firma und in Ihrer Umgebung sein, aber auch Kollegen von Freunden oder Schul- und Kindergartenkontakte. Pflegen Sie diese

Kontakte und fügen Sie neue hinzu. Wie? Wenn Sie einen Menschen für wichtig erachten, überlegen Sie sich einen guten Grund, ehe Sie ihn kontaktieren. Der Kontakt sollte davon auch einen Nutzen haben, der nicht immer sehr groß sein muss. Hören Sie zu und finden Sie heraus, was Ihr Kontakt benötigt, und vielleicht können Sie ihm mit Ihren Kontakten helfen. Dafür eignen sich berufliche Synergien oder ein wichtiges Projekt.

Pflegen Sie Ihre Kontakte. Füttern Sie diese immer mit notwendigen Informationen, auch in Zeiten, in denen Sie kein konkretes Anliegen haben. Netzwerken bedeutet viel zu geben und manchmal etwas zu nehmen. Wichtig dabei ist authentisch und mit Herz und Begeisterung bei der Sache zu sein. Ein Kontakt, bei dem die Chemie nicht stimmt, wird auch mit viel Aufwand nicht aufrechtzuerhalten sein. Netzwerken ist eine Sympathiefrage. Selbst wenn manche Menschen das Gegenteil behaupten, aus meiner Erfahrung ergeben sich meist nur wirklich sinnvolle Dinge mit Erfolgsaussichten, wenn das Gegenüber genauso mit Herz und Spaß dabei ist.

Durchhalten!

Hören Sie nie auf an sich zu arbeiten – nicht verbissen, sondern mit möglichst viel Spaß und Energie. Perfektionieren Sie einzelne Schritte – und analysieren Sie auch die einzelnen bereits gegangenen Schritte. Gehen Sie Situationen und Angeboten, die für Ihre Vision wichtig sind, offen entgegen.

Nehmen Sie, wenn es schwierig wird und Sie glauben, dass Sie sich hoffnungslos verrannt haben, Einsicht in Aufzeichnungen, Schriftstücke, Ausbildungsunterlagen, Skripte und Konzepte. Wir vergessen oft, was wir bereits durchdacht und geschafft haben. Blicken Sie zurück auf Ihren Weg. War er wirklich so verkehrt? Oder fehlt mir im Moment nur ein wenig Energie für die weiteren Schritte? Was ist bis jetzt wirklich sehr gut gelaufen und was habe ich schon geschafft?

Innezuhalten und im Hier und Jetzt zu sein ist ein wichtiger Punkt für Erfolg.

Sind Sie sich immer der Auswirkungen Ihrer Tätigkeit, Ihres Ziels und Ihrer Strategie bewusst. Klären Sie im Vorfeld Details ab: *„Wie wirkt sich das Projekt auf meine Familie aus?"*, *„Kann ich das finanziell schaffen?"*, *„Was benötige ich dazu?"*, *„Wer beeinflusst mich bei meiner Strategie?"*

Bedenken Sie auch die Auswirkungen mancher Schachzüge. Ich nenne das „Szenarienarbeit". Die Szenariotechnik ist eine Methode, die auf der Entwicklung und Analyse möglicher zukünftiger Situationen beruht. Es geht meist um Extremszenarios – „Best Case", „Worst Case" oder Trends. Spielen Sie eine Situation, Schritte, Vorgehensweisen oder zukünftige Maßnahmen durch. Was würde z.B. ein Jobwechsel bedeuten? Welche Auswirkungen hat eine Veränderung? Was ändert sich in der Familie, in meiner Umgebung, im Freundeskreis? Wägen Sie danach Ihre Vorgehensweise ab und entscheiden Sie sich klug und bedacht für einen Weg. Szenarientechnik hilft dabei, Entscheidungen schneller und durchdachter zu treffen.

Immer nur in der Zukunft oder in der Vergangenheit zu leben verursacht Angst und Unsicherheit. Beschäftigen Sie sich mit positiven Dingen, die passiert sind oder an denen Sie dran sind, und umgeben Sie sich mit positiven Menschen, die ähnlich denken.

Eine Frage des Gefühls

Kommen wir nun zu einem Punkt, der von Frauen oft vergessen wird, obwohl es sich um ein absolut weibliches Talent handelt. Wir Frauen haben ein sehr gutes Gespür für Situationen. Wir nennen das auch gerne „Intuition". Diese Intuition wird von vielen Männern belächelt und von Oscar Wilde sogar folgendermaßen beschrieben: *„Intuition ist der eigenartige Instinkt, der einer Frau sagt, dass sie recht hat, gleichgültig, ob das stimmt oder nicht."* Aus meiner Sicht und Erfahrung ist unsere weibliche Intuition ein Weg zur Erkenntnis, der nicht rein aus rationalen Schlüssen gezogen wird. Wir hören viel mehr auf unser „Bauchgefühl". Diese Empfindung ist möglicherweise bei uns Frauen deutlicher ausgeprägt, da wir Kinder bekommen können und Gefahren dadurch in anderer Intensität und Geschwindigkeit erkennen müssen. Dieser „Mutterinstinkt", der Frauen aufschrecken lässt, *bevor* das Kind zu weinen beginnt, ist natürlich immer da und nicht nur auf Kinder reduziert. Nur in diesem Bereich ist er besonders intensiv vorhanden und viele Mütter vertrauen darauf. Sie sagen dann, „ich spüre, was mein Kind braucht". Das fehlt Vätern oft, weil die Verbundenheit in der Schwangerschaft durch die Nabelschnur eine andere emotionale Bindung erzeugt hat, als ein Vater je zustande bringen könnte.

Die offizielle Wissenschaft streitet noch immer über das Thema „weibliche Intuition". Meine persönliche und berufliche Erfahrung ist, dass Frauen häufiger auf ihre Intuition vertrauen sollten. Männer agieren mehr logisch und rational. Frauen agieren mehr aus dem Bauch heraus. Ich bin für eine Kombination aus beidem. Stehen Sie vor einer rationalen Entscheidung und sind sich unsicher, wie Sie handeln sollten, hören Sie auf Ihr Gefühl. Wozu tendieren Sie mehr? Was fühlt sich „richtig" und was „falsch" an? Wo fühlen Sie sich sicherer? Nehmen Sie sich einen Moment Auszeit und spüren Sie in sich „hinein". Das mag für manche ein bisschen nach Voodoo klingen, doch ich sehe das Bauchgefühl nicht als übernatürlichen Hokuspokus, sondern eher als Signale unseres Unterbewusstseins. Dort wurden über Jahre hinweg Erfahrungen im emotionalen und rationalen Bereich gesammelt und bewahrt. Dieser Erfahrungsschatz hilft uns dabei, sicherer zu werden und eine Entscheidung zu treffen. Vernachlässigt man dieses Gefühl, steht man manchmal vor einer Situation, der man eigentlich nicht „gewachsen" ist. Wenn Sie sich gegen etwas entscheiden, müssen Sie nur spüren, ob Sie nur Ihre Komfortzone nicht verlassen möchten oder ob Ihr Gefühl Ihnen wirklich von einer nicht tragbaren Situation abrät.

Manchmal ist es eine Mischung. Sie erkennen die Komfortzone, indem Sie analysieren, warum etwas *nicht* geht. Argumente, die in die Kategorie *„das wächst mir über den Kopf"* fallen, sind realistische Einschätzungen. Argumente, die eher allgemeiner Natur sind *(„dazu ist kein Geld da", „dafür sind die Kinder noch zu klein", „das ist zu weit weg"*, ...) zeigen Ihnen die Grenzen Ihrer Komfortzone.

Diese Erkenntnis wird durch meine Praxiserfahrungen bestätigt: In meinem Netzwerk gibt es eine Unternehmensgründerin, die nach einer gewissen Zeit gerne größeres Wachstum in ihre Firma bringen wollte. Mit diesem Anliegen vertraute sie sich einem sehr guten Berater/Mentor aus der Wirtschaft an. Dieser zeigte ihr einen Weg auf, von dem sie nicht ganz überzeugt war. Die Gründe dafür konnte sie nicht wirklich nennen: War es ihre Angst vor zukünftigen Herausforderungen oder war dieser Weg einfach nicht der, der für sie erfolgversprechend war? Immer wieder kam in ihr das Gefühl hoch, dass der skizzierte Weg zwar gut klang, vielversprechend erschien und auch klar war, aber eher der Persönlichkeit des Beraters entsprach als ihrer eigenen. Teile der Idee waren wirklich gut und auch für die Klientin nutzbar, nur ein anderer Aspekt entsprach nicht ihrem Gefühl und ihrer Erfahrung. Nach vielen Tagen des Nachdenkens entschied sie sich schließlich doch für den Weg des Beraters, weil sie von dessen Erfolg und Vorgehensweise beeindruckt war. Sie überging ihr Baugefühl, hielt aber ihre Ängste und Zweifel in einem Notizbuch fest.

Die Befürchtungen wurden wahr. Nach einem Jahr der Umsetzung war unübersehbar, dass die Empfehlungen des Beraters nicht zu der Vorgehensweise und dem Naturell der Klientin passten. Sie war eher jemand, die strategisch und langfristiger agierte als der Berater. Dieser jedoch war direkt, schnell und kurzfristig in seinem Handeln. Das Gewissen und manche Werte waren ihm nicht so wichtig. Sie überarbeitete das Konzept, integrierte ihren „Spirit & Werte" und warf die Empfehlungen des Beraters zu einem Teil um.

Mittlerweile ist sie mit ihrem Unternehmen gut unterwegs und holt sich Experten nur noch für punktuelle Unterstützung an Bord. Dennoch bereut sie nichts. Laut eigener Aussage hat sie in diesem Jahr viel dazugelernt und erkannt, dass ein drohendes Scheitern auch sehr viele Möglichkeiten eröffnet. Ihre wichtigste Erkenntnis lautete: *„Ich werde bei Entscheidungen meinem Bauchgefühl mehr vertrauen. Zuerst kläre ich die rationalen Dinge und danach meinen emotionalen Zustand bei einer Entscheidung."* Seit Jahren ist sie damit sehr erfolgreich. Es ist keine allgemeine Garantie, aber ein Weg, um mehr zu sich und seinen Gefühlen zu stehen.

Gescheit scheitern

In diesem Buch ist sehr viel von Erfolg und von Wegen zum Erfolg die Rede. Leider sind diese Wege nicht geradlinig und nicht immer gleich. Es gibt Höhen und Tiefen. Was erfolgreiche und nicht erfolgreiche Menschen unterscheidet, ist nicht der Weg alleine, sondern der Umgang mit Misserfolgen. Bleibt man im Falle des Scheiterns liegen oder steht man wieder auf? Genau das ist ein wesentlicher Schlüssel zum Erfolg! Aufstehen und weitergehen – Schritt für Schritt. Manchmal ist es bequem, liegen zu bleiben, zu leiden und sich den Kopf zu zerbrechen, warum etwas nicht funktioniert hat. Doch wirklich weiter kommt man damit nicht. Stehen Sie auf, lernen Sie aus den Fehlern und gehen Sie weiter! Das ist hart, aber effektiv.

Manche Menschen schaffen es nach dem Verlust eines für sie wichtigen Menschen weiterzuleben. Manchen Menschen gelingt dies nicht und sie bleiben für immer in einer Trauerschleife. Welche sind aus Ihrer Sicht die glücklicheren? Nur wer aufsteht und weitergeht, gibt sich selbst die Chance, möglicherweise das Glück wiederzufinden und erneut einen wichtigen Menschen kennenzulernen. Es gibt immer einen Weg und immer eine Lösung. Vielleicht erzielen Sie nicht sofort jenes ideale Resultat, das Sie sich wünschen, aber zumindest können Sie eine Zwischenlösung für den ersten Schritt finden.

Natürlich steht es jedem zu, zu trauern und von einer Situation enttäuscht zu sein. Man holt sich aber nur aus diesem Tief heraus, wenn man sich nach gegebener Zeit wieder traut sich erneut auf den Weg zu machen. Das Leben ist zu kurz, um unglücklich zu sein, aber es ist zu lang, um nicht zumindest einmal enttäuscht zu werden. Es ist unsere Entscheidung, wie wir mit derartigen Situationen umgehen. Im Endeffekt kann uns keiner wirklich dabei helfen. Es liegt an uns.

Wer sich näher mit der Biografie erfolgreicher Menschen beschäftigt, stößt neben großen Erfolgen meistens auch auf große Misserfolge. Konkurse, Fehlentscheidungen oder Rückschläge sind in vielen Fällen Stationen auf dem Weg zum großen Durchbruch, die erfolgreich überwunden oder sogar für wertvolle Erkenntnisse genutzt wurden. Fragen Sie Menschen nach ihren Erfolgen und Sie werden erkennen, dass Scheitern und Misserfolg einfach dazugehören. Sie werden auch erstaunt darüber sein, wie ehrlich die Menschen darauf reagieren. Laut meiner Erfahrung erzählen Menschen gerne und leidenschaftlich von überwundenen Hürden und Fallstricken auf ihrem Weg. Gleichzeitig sprühen sie dabei nur so vor Kraft, wenn sie über die kleinen und großen Erfolge sprechen und Ihnen so über die wirklich wichtigen Dinge im Leben berichten.

Wer das beherzigt, entdeckt eine große Kraftquelle, die einem hilft, dranzubleiben, wenn es einmal nicht so gut läuft.

Also, falls Sie scheitern sollten, dann evaluieren Sie, warum, und machen Sie es anders. Glauben Sie daran, dass es immer eine Lösung und einen Weg gibt, um ans Ziel zu kommen.

Power sucht Frau – Power findet Frau?

Halten Sie sich an die Punkte in diesem Kapitel und schreiben Sie ein Erfolgs- und Misserfolgsbuch. Notieren Sie in diesem „Tagebuch über Ihr Berufsleben" jeden Abend, was passiert ist, was Sie verändern werden und wie Ihre nächsten Schritte aussehen. Vertrauen Sie dabei Ihren Instinkten und Ihrer Erfahrung. Sprechen Sie Dinge klar an und suchen Sie bei Problemen nach Lösungen.

Dazu ist es wichtig, die Ursache zu kennen, um dann eine Lösung zu finden. Bleiben Sie nicht in der Vergangenheit und maulen über das Misslungene. Blicken Sie nach vorne und gehen Sie weiter. Lassen Sie Wünsche zu und definieren Sie diese als Ziele. Finden Sie Ihre Strategie und bleiben Sie flexibel genug, um Sie der jeweiligen Lebenssituation anzupassen. Umgeben Sie sich mit Menschen, die erfolgreich sind und Ihnen dabei helfen weiterzukommen. Treffen Sie Menschen, die dem Leben gegenüber positiv eingestellt sind und die Spaß an dem haben, was sie tun.

Wie bleiben Sie am Weg?

→ Schrittweise die Komfortzone verlassen.

→ Weibliche Stärken nutzen.

→ Weibliche Schwächen verbessern.

→ Mit den *richtigen* Menschen netzwerken.

→ Vision, Strategie, Ziele definieren.

→ Dem Bauchgefühl nach rationalen Überlegungen vertrauen.

→ Scheitern ist eine Chance, etwas dazuzulernen.

→ Erfolgstagebuch schreiben.

→ Die richtigen Prioritäten setzen.

Ist Ihr Glas voll?

Zum Abschluss möchte ich Sie noch an meiner Lieblingsgeschichte teilhaben lassen, die in den verschiedensten Varianten immer wieder erzählt wird. Sie handelt von Prioritäten. Ich habe sie schon sehr vielen Menschen erzählt, weil sie für mich ein enormes Erkenntnispotenzial birgt.

Ein Managementexperte hält einen Vortrag für eine Gruppe leitender Angestellter. Sein Ziel: Die Zuhörer sollen einen essenziellen Zusammenhang verstehen und in Erinnerung behalten. Dafür hat er eine Demonstration vorbereitet, die sie so schnell nicht mehr vergessen sollten.

Er stellt ein leeres Gurkenglas auf das Podium und legt vorsichtig zwölf faustgroße Steine hinein. Als das Glas bis zum Rand mit den Steinen gefüllt ist, stellt er die Frage, ob das Glas voll sei. Alle bejahen das. Daraufhin holt er hinter dem Podium einen Topf mit Kieselsteinen hervor. Vorsichtig leert er die Kieselsteine in das Glas, die sich gleichmäßig zwischen den großen Steinen verteilen.

Er fragt die Gruppe erneut: „Ist das Glas jetzt voll?"

Nun ahnen die Teilnehmer etwas. Einer antwortet: „Wahrscheinlich nicht!"

„Gut", antwortet der Vortragende. Er greift wieder unter das Podium und holt einen Topf mit Sand hervor. Er schüttet den Sand in das Glas.

Dann seine erneute Frage: „Ist das Gefäß jetzt voll?"

„Nein", rufen die Teilnehmer.

Der Vortragende holt einen Wasserkrug hervor und füllt das Gurkenglas bis zum Rand. Dann richtet er folgende Frage an die Teilnehmer: „Was ist wohl die Botschaft dieser Vorstellung?"

Eine der angehenden Abteilungsleiterinnen hebt die Hand: „Egal, wie voll dein Terminkalender ist – wenn du es wirklich versuchst, kannst du immer noch einen Termin unterbringen."

„Nein", antwortet der Dozent, „das ist nicht der Punkt. Es geht vielmehr um Folgendes: Gebt Ihr die großen Steinen nicht zuerst in das Glas, bringt Ihr sie später nicht mehr hinein."

Die Frage, die aus dieser Geschichte unweigerlich für jeden Zuhörer resultiert, lautet: Was sind die großen Steine in meinem Leben? Meine Träume, meine Vision, Dinge zu tun, die ich liebe, Zeit für mich selbst zu haben, meine Gesundheit, Kinder, Personen, die ich liebe, mein Lebenspartner?

Denken Sie immer daran, diese großen Steine zuerst in Ihrem Leben unterzubringen. Wer zuerst mit den unwichtigen Dingen beginnt, füllt sein Leben mit kleinen Dingen, beschäftigt sich mit Sachen, die keinen Wert haben, und wird nie wertvolle Zeit für die großen und wichtigen Dinge haben.

Anhang

Dankesworte

Ich möchte der Verlagsleitung für ihr Vertrauen in meine Person danken und dafür, dass sie mir mit diesem Buch einen Wunsch erfüllt hat.

Ich danke meinem Freund und Berater Marco Seltenreich für seine Hilfe und Begleitung bei diesem Buch.

Dank gilt auch meiner Freundin und Kollegin Aiko Lamprecht. Ohne ihre Arbeit mit mir wäre ich nicht dort, wo ich jetzt bin.

Ich danke Daniela, meiner Schwester und Freundin, die immer an mich glaubt, das Buch durch ihre Sichtweise bereichert hat und mich ermutigt am Weg zu bleiben.

Meiner Mama, die mir ein Leben lang gezeigt hat, wie ich durch schwierige Zeiten gehen kann und daran wachse.

Ich danke meiner Familie und Freunden für ihren Zuspruch.

Dank gilt auch meinen Kundinnen und Kunden, mit denen ich wachsen darf und die mir Beispiele liefern, um Situationen besser für die Praxis zu beschreiben.

Ich danke meinem Partner Christian für seinen Respekt für meine Arbeit und meine Vision, seinen Zuspruch, seine Geduld in den letzten Monaten und seine Hilfe bei der ein oder anderen Herausforderung im Leben.

Und natürlich danke ich auch Ihnen, liebe Leserinnen und Leser! Falls Sie einen neuen Job suchen, aufsteigen wollen, ein Unternehmen gründen möchten oder noch nicht wissen, wohin der Weg gehen soll und wie der Erfolg überhaupt aussieht – wir beraten und coachen Sie gerne.

Besuchen Sie unsere Website: www.frauenkraft.info.

Wir bieten Workshops, Lehrgänge und Abendveranstaltungen zu fast jedem Kapitel in diesem Buch oder auch Einzelberatungen. Gleichzeitig beraten wir Unternehmen, um mehr Frauen in Führungspositionen zu bekommen. www.theredhouse.at

Literaturhinweise

Beutelmeyer, Werner/Seidl, Conrad: Die Marke Ich. So entwickeln Sie Ihre persönliche Erfolgsstrategie – Jetzt mit Herold-Prinzip. Redline/Überreuter

Brede, Andreas/Ballach, Sascha: Raus aus Deiner Komfortzone: Das Übungsbuch für die Entwicklung Deiner Persönlichkeit. mvg

Burmeister, Lars/Steinhilber, Leila: Gescheiter scheitern. Eine Anleitung für Führungskräfte und Berater. Carl Auer Verlag

Dupré, John/Gilmer, Eva: Darwins Vermächtnis: Die Bedeutung der Evolution für die Gegenwart des Menschen. Suhrkamp

Foerster, Heinz von/Glasersfeld, Ernst von: Wie wir uns erfinden. Eine Autobiographie des radikalen Konstruktivismus. Carl-Auer-Systeme Verlag

Foerster, Heinz von/Glasersfeld, Ernst von: Wie wir uns erfingen. Carl Auer Systeme Verlag

Foerster, Heinz von/Pörksen, Bernhard: Die Gewissheit der Ungewissheit. Carl-Auer-Systeme Verlag

Foerster, Heinz von/Pörksen, Bernhard: Wahrheit ist die Erfindung eines Lügners: Gespräche für Skeptiker. Carl-Auer-Systeme Verlag

Furman, Ben/Tapani, Ahola: Es ist nie zu spät, erfolgreich zu sein. Ein lösungsfokussiertes Programm für Coaching von Organisationen, Teams und Einzelpersonen. Carl Auer Verlag

Klein, Rudolf/Kannnicht, Andreas: Einführung in die Praxis der systemischen Therapie und Beratung. Carl-Auer-Systeme Verlag

Königswieser, Roswita/Hillebrand, Martin: Einführung in die systemische Organisationsberatung. Carl-Auer-Systeme Verlag

Riemann, Reinhardt: Grundformen der Angst.

Roy, Martina: The Missing Link – Die Gebrauchsanleitung zu „The Secret". Koha

Scheucher, Gerhard/Steindorfer, Christine: Die Kraft des Scheiterns. Leykam

Seliger, Ruth: Das Dschungelbuch der Führung Ein Navigationssystem für Führungskräfte. Carl Auer Verlag

Shazer, Steve de: Das Spiel mit Unterschieden. Wie therapeutische Lösungen lösen. Carl Auer Verlag

Simon, Fritz B./Rech-Simon, Christel: Zirkuläres Fragen: Systemische Therapie in Fallbeispielen: Ein Lernbuch. Carl-Auer-Systeme Verlag

Simon, Fritz B.: Einführung in Systemtheorie und Konstruktivismus. Carl-Auer-Systeme Verlag

Watzlawick, Paul: Die erfundene Wirklichkeit: Wie wissen wir, was wir zu wissen glauben? Piper

Watzlawick, Paul: Wie wirklich ist die Wirklichkeit? Wahn, Täuschung, Verstehen. Piper

Winterheller, Manfred: Wenn die Berge sich hinweg heben. Eigenverlag